世界互联网发展报告
2019

中国网络空间研究院　编著

電子工業出版社
Publishing House of Electronics Industry
北京•BEIJING

内容简介

本书系统地梳理了世界互联网50年来的发展历程，全面地展现了互联网对经济发展与社会进步的巨大贡献。同时，本书围绕全球互联网发展现状，全面地反映了2019年世界互联网发展进程、发展现状和发展趋势，系统地总结了世界主要国家互联网发展情况和发展亮点，深入分析了互联网重点领域的发展新情况、新动态、新趋势；内容涵盖信息基础设施、信息技术、数字经济、数字政府、互联网媒体、网络安全、网络空间国际治理等方面。此外，本书进一步调整和丰富了世界互联网发展指数指标体系，以期更好地展示各国互联网发展实力和发展优势，更加全面、准确、客观地反映世界互联网发展的整体态势。

本书坚持客观视角，汇集了全球互联网领域最新研究成果，内容全面、重点突出；坚持历史视角，回顾了全球互联网重大发展历程，总结过去，面向未来；坚持全球视角，以各国参与网络空间发展建设的新理念、新思想、新成果为基础，为构建网络空间命运共同体做努力。本书对政府管理部门、互联网企业、科研机构、高校等互联网领域从业人员全面了解和掌握世界互联网发展情况具有重要参考价值。

图书在版编目（CIP）数据

世界互联网发展报告. 2019 / 中国网络空间研究院编著. —北京：电子工业出版社，2019.10
ISBN 978-7-121-37421-0

Ⅰ. ①世… Ⅱ. ①中… Ⅲ. ①互联网络－研究报告－世界－2019 Ⅳ. ①TP393.4

中国版本图书馆CIP数据核字（2019）第200752号

责任编辑：郭穗娟
特约编辑：顾慧芳 宋兆武
印　　刷：天津画中画印刷有限公司
装　　订：天津画中画印刷有限公司
出版发行：电子工业出版社
　　　　　北京市海淀区万寿路173信箱　　邮编　100036
开　　本：720×1000　1/16　印张：14.75　字数：234千字
版　　次：2019年10月第1版
印　　次：2019年10月第1次印刷
定　　价：198.00元

凡所购买电子工业出版社图书有缺损问题，请向购买书店调换。若书店售缺，请与本社发行部联系，联系及邮购电话：（010）88254888，88258888。

质量投诉请发邮件至zlts@phei.com.cn，盗版侵权举报请发邮件至dbqq@phei.com.cn。

本书咨询联系方式：（010）88254502，guosj@phei.com.cn。

前　言

2019 年正值互联网诞生 50 周年，我们精心编撰了《世界互联网发展报告 2019》（以下简称《报告》）。《报告》作为自 2017 年以来的第三份世界互联网发展年度报告，坚持以中国治网理念为指导，以世界各国互联网发展实践为基础，主要从信息基础设施、网络信息技术、数字经济、数字政府、互联网媒体、网络安全、国际治理 7 方面，对 2019 年全球互联网发展状况进行分析、总结和评估，旨在全面呈现本年度互联网发展态势，努力为全球互联网发展提供新的思想借鉴和智力支撑。《报告》有以下 3 个特点。

（1）回顾历史，展望未来。《报告》开篇增加“世界互联网发展 50 年”内容，简要地回顾互联网诞生 50 年来的发展历程，阐述互联网对经济社会产生的深刻影响，分析互联网发展带来的机遇和挑战，展望国际社会，把握发展规律、推动技术创新、加强国际治理，让互联网发展更好地造福世界、造福人类、造福未来。

（2）科学论证，系统评估。《报告》继续对世界互联网发展状况进行了评估，所采用的指数指标体系整体上与前两年保持一致，为了进一步提高框架结构的合理性和数据来源的准确性，结合实际情况对部分指标作了适当优化。同时，为了扩大评估覆盖面、提高评估科学性，选取了 48 个国家进行综合分析，涵盖了五大洲的主要经济体和互联网发展具有代表性的国家，以期更加全面、客观、准确地反映世界互联网发展的总体状况。

（3）立足实践，深入解读。当前，世界主要国家普遍将互联网作为国家战略重点和优先发展方向，不断加快建设和发展步伐，在完善信息基础设施、推动创新创造、加强网络安全、推进国际治理等方面，都有很多积极的探索。《报告》汇总整理了2019年主要国家推动互联网发展的实践和实际成效，并进行剖析和解读，为世界互联网发展提供参考和借鉴。

《报告》是中国学术界为全球互联网发展与治理提供思想创见、理论创新、战略创构、政策创设、实践创造的重要成果。未来，我们将持续关注世界互联网发展态势和进展，持续提出我们的分析和见解，为加快构建网络空间命运共同体贡献中国智慧和力量。

中国网络空间研究院

2019年9月

目 录

世界互联网发展 50 年

互联网是 20 世纪人类最伟大的发明之一。如同原始时代火的使用、农业时代铁器的使用和工业时代蒸汽机、电的使用一样，互联网自 1969 年诞生以来，给人类社会带来了前所未有的深刻变革，推动人类进入了充满生机、活力迸发的信息时代。互联网诞生 50 年来，日益渗透到政治、经济、社会、文化、军事各个领域，加速了劳动力、资本、能源等要素的流动和共享，推动社会生产力发生新的质的飞跃，深刻改变了人类的生产、生活方式，极大地影响了世界政治经济格局，提升人类认识世界、改造世界的能力。互联网发展速度之快、普及范围之广、影响程度之深是其他科技成果难以比拟的，引领和开启了人类历史的新纪元。

互联网 50 年的发展历程伴随着信息技术的快速发展和网络应用的加快普及，互联网对经济发展和社会文明进步的重大意义和巨大价值日益凸显，人类对互联网的探索和认识也随之不断深化。20 世纪 60 年代，冷战时期美国为抢占军事科技领先地位，加大基础研究投资力度，缔造了互联网的雏形“阿帕网”。70 年代，互联网作为重大科技创新成果和新型信息交换工具，开始向美国高等学府、政府机构以及欧洲地区逐步扩散。80 年代末，互联网从科技领域拓展到经济社会生活的各个领域，特别是 90 年代初万维网的诞生和全球性连接的建立，推动了互联网的广泛扩散和商业化运营，网络应用、网络经济快速兴起。20 世纪 90 年代末至 21 世纪初，互联网在全世界范围内得到高速发展和普及，全球具有代表性的互联网公司开始涌现。近 10 多年来，互联网移动化、智能化发展趋势明显，人工智能、物联网、大数据等新一代信息技术日新月异，与生物、能源、材料、神经科学等领域交叉融合，引发了以绿色、智能、泛在为特征的群体性技术变革，新技术、新产业、新模式、新应用、新业态不断涌现，正在步入代际跃迁、全面渗透、加速创新、万物互联的新阶段。随着世界多极化、经济全球化、文化多样化、社会信息化的深入发展，互联网日益成为国家主权的“新疆域”、生产与生活的新空间、信息传播的新渠道、文化繁荣的新平台、经济发展的新引擎、社会治理的新载体、国际合作的新纽带，全面融入并深刻改变人类社会的发展进程。

1. 世界互联网发展的 50 年，是驱动经济发展、催生产业变革的 50 年

互联网创造了新的需求和供给，加速了生产、就业、分配、消费等各个环节的重构，推动了经济发展模式和人类生活方式发生重大变化，提升了信息共享程度和资源配置效率，促进了生产力的极大跃升和生产关系的深刻调整。特别是在全球经济面临转型和结构调整的背景下，数字产业化和产业数字化加快推进，数据如同石油、电力一样成为战略性基础资源，数字经济已经成为发展最迅速、创新最活跃、辐射最广泛的经济活动，成为全球经济发展的新引擎。自 20 世纪 90 年代以来，美国抓住网络化、数字化发展机遇，创造了其经济的繁荣。欧洲、日本等地区和国家紧随其后，大力推进数字化变革，产生了巨大的成效。发展中国家充分利用数字经济中的后发性优势，缩小与发达国家的差距，全力推动经济快速发展。世界各国积极加快互联网与实体经济的深度融合，利用新的信息技术改造提升传统产业，以信息化培育新动能，用新动能推动新发展，充分释放数字经济的放大、叠加、倍增作用，不断深化拓

展数字经济合作，推进全球数字经济快速健康发展。华为公司发布的全球联接指数（GCI）2018报告认为，过去15年数字经济的增速是全球GDP增速的2.5倍，到2025年，全球数字经济规模预计将达23万亿美元。

2. 世界互联网发展的50年，是引领科技创新、实现跨界融通的50年

互联网在促进创新驱动发展中发挥着先导作用，引领着世界先进科技的发展方向。50年来，随着科技革命和产业变革的迅速兴起，以互联网为代表的新一代信息技术日新月异，基础性技术和前沿热点技术加快迭代演进，人工智能、区块链、云计算、量子技术等先进技术迸发创新活力，5G带动大数据、边缘计算、虚拟现实等技术快速进步，在更深层次、更广范围加快推动数字化、网络化、智能化转型。世界知识产权组织的报告显示，过去20年，在全球专利申请量排名前30的企业中，互联网相关领域的企业占80%。互联网与新能源技术、新材料技术、生物技术等各种技术交叉融合，各类创新不断涌现，特别是以类脑计算为代表的智能处理技术推动深度学习、无人驾驶和机器人技术快速发展，未来可能在更深层次、更广范围改变人们的生产、生活。世界各国都深刻认识到信息领域关键技术创新的极端重要性，积极把握新一轮科技革命的历史机遇，努力抢占技术创新制高点。

3. 世界互联网发展的50年，是颠覆传播方式、推动文化繁荣的50年

互联网基于即时性、开放性、互动性等特点，日益成为信息生产和传播的主要渠道，“人人都有麦克风、个个都是自媒体”成为现实，改变了传统的单向传播、中心化传播方式，导致舆论生态、媒体格局、传播

方式发生深刻变化。全媒体不断发展，出现了全程媒体、全息媒体、全员媒体、全效媒体，信息无处不在、无所不及、无人不用，特别是移动互联网的快速发展使得社交媒体迅速扩张，根据 2019 年 2 月发布的“2019 全球数字报告”，全球社交媒体活跃用户数已超过 35 亿人，全球渗透率达 45%。社交媒体社会动员能力、舆论影响能力的日渐增强，推动信息爆炸式增长、裂变式传播。思想、文化、信息在网络空间以数字形式在全球范围内广泛汇集、自由流动，有效地促进了不同文化文明之间的交流互鉴，为保护和展现人类文明的多样性提供了广阔空间，优质文化产品的数字化生产和网络化传播，推动了各国各民族优秀文化的广泛弘扬，充分反映了世界多种文明并存、多样文化交融的生动景象。

4. 世界互联网发展的 50 年，是推进普惠发展、改善民众生活的 50 年

全球互联网用户数已经接近 45 亿人，越来越多的人搭乘互联网发展的快车，通过互联网了解世界、掌握信息、交流思想、创新创业、丰富生活、改变命运，不断创造和拥抱美好生活的新机遇。互联网建设起四通八达的“信息高速公路”，通过泛在的网络信息接入设施、便捷的“互联网+”出行信息服务、全天候的指尖网络零售模式、“一站式”旅游在途体验、数字化网络空间学习环境、普惠化在线医疗服务、智能化在线养老体验等，全面开启了人类智慧生活新时代，极大地促进国家、区域、城乡、人群等的协调、开放和共享发展。互联网发展为实现联合国 2030 年可持续发展议程提供助力，在消除贫困、促进健康、提高能源效率、普及基础教育等方面不断带来更加优质便捷的互联网产品和服务。互联网也为人们创造了更多公平发展的机会，为人们充分参与现代经济社会活动、更好地实现自身价值搭建了良好平台。

5. 世界互联网发展的 50 年，是改进社会治理、优化公共服务的50年

互联网为社会治理提供了新的平台，为公众参与公共事务提供了新的渠道。移动互联网丰富了公共服务范围，云服务为电子政务系统提供了更加灵活的建设和运维模式，大数据成为支撑政府科学决策、精准管理的重要工具，这些都推动政府治理从单向管理向双向互动转变、从掌握样本数据向掌握海量数据转变，为提升国家治理体系和治理能力的现代化水平提供了有力支撑。自 20 世纪 90 年代美国政府提出打造“电子政府”计划以来，电子政务在世界各国得到了长足发展，美国推进联邦机构 IT 数字化改造，建立现代数字政府；中国加快推进“数字中国”建设，统筹发展电子政务，推进信息资源开放共享；其他发达国家的数字政府建设也不断加速，依托互联网的驱动，各国政府决策更加科学、社会治理更加精准、公共服务更加高效，公民参与社会治理的渠道更加畅通，知情权、参与权、表达权、监督权得到更好保障。

6. 世界互联网发展的 50 年，是深化国际合作、促进和平发展的50年

互联网的诞生和发展，给人类社会和平发展带来了重大历史机遇。农业社会的战略资源是土地，工业社会的战略资源是能源，信息社会的战略资源是数据和人的智慧。土地、能源是有限的，而数据和人的智慧是无限的，是可以共享、共用、共赢的，而且不是依靠战争和掠夺获取的，这就为人类和平发展增添了新的因素、注入了新的动力、提供了新的机遇。随着互联网的发展，网络空间与现实空间交互融合，信息化伴随全球化加快演进，极大地促进了信息、资金、技术、人才等要素的全球流动，国际社会越来越成为“你中有我、我中有你”的地球村，求和

平、谋发展、促合作、图共赢日益成为世界各国人民的共同愿望和追求。面对互联网发展带来的新机遇新挑战，国际社会愈发认识到，互联网领域面临的问题需要国际社会共同解决，互联网发展带来的机遇需要国际社会共同享有，独享独占没有出路，共享共治方赢未来。50 年来，围绕网络空间的对话协商更加深入，联合国、“二十国集团”、亚洲太平洋经济合作组织（简称亚太经合组织）、“一带一路”相关国家的网络合作不断加深，全球网络基础设施建设步伐日益加快，多层次数字经济合作广泛开展，网络安全保障能力不断提升，尊重网络主权的理念逐步深入人心，全球网络空间发展和治理进程朝着更加公正合理方向迈进。

互联网是一把“双刃剑”，在给人类社会带来发展机遇的同时，也给政治、经济、文化、社会、国防安全及公民在网络空间的合法权益带来了一系列风险及挑战。

（1）网络渗透危害政权安全。政治稳定是世界各国发展、人民幸福的基本前提。有的国家利用网络开展大规模网络监控、网络窃密等活动，甚至干涉他国内政、煽动社会动乱等活动，严重危害国家政治安全。

（2）网络攻击危害经济安全。金融、能源、电力、交通、通信等领域的关键信息基础设施是经济社会运行的神经中枢，一旦遭受破坏导致严重瘫痪，将危害国家经济安全和公共利益，引发重大安全事件，造成灾难性后果。

（3）网络有害信息危害文化安全。网络谣言、颓废文化及低俗、恶搞、荒诞甚至色情暴力等违法和不良信息，严重侵蚀青少年身心健康，败坏社会风气，误导价值取向，网上道德失范、诚信缺失现象频发。

（4）网络恐怖和违法犯罪危害社会安全。恐怖主义、分裂主义、极端主义等势力利用网络煽动、策划、组织和实施暴力恐怖活动，直接威胁生命财产安全、社会秩序。木马和勒索病毒等计算机病毒在网络空间传播蔓延，网络欺诈、黑客攻击、侵犯知识产权、盗窃和滥用个人信息等不法行为大量存在，一些组织肆意窃取用户信息、交易数据、位置信息以及企业商业秘密，严重损害国家、企业和个人利益，影响社会和谐稳定。

（5）网络空间国际竞争危害和平安全。由于保护主义、单边主义抬头，国际上争夺和控制网络空间战略资源、抢占规则制定权和战略制高点、谋求战略主动权的竞争日趋激烈。个别国家推行“霸凌主义”，肆意打压遏制他国、践踏国际规则，强化网络威慑战略，不断加强网络战准备和网络部队建设，加剧网络空间的军备竞赛，致使全球网络空间军事化态势愈演愈烈，世界和平受到新的挑战。

互联网走过了50年波澜壮阔的发展历程，站在了新的历史起点上，机遇和挑战并存，但机遇大于挑战。信息时代的帷幕才刚刚拉开，互联网发展的列车正满载着全人类对美好生活的憧憬和向往驶向未来。国际社会应携起手来，在彼此尊重、相互信任的基础上，进一步加强沟通、扩大共识、深化合作，共谋发展福祉、共迎风险挑战，致力于建设和平、安全、开放、合作、有序的网络空间，共同构建网络空间命运共同体，让互联网繁荣发展的机遇和成果更好地造福世界、造福人类、造福未来！

总 论

一、2019 年世界互联网发展总体态势

2019 年，世界互联网发展步入第 50 个年头。各国普遍将网络空间作为抢占未来发展的制高点、构筑国际竞争新优势的关键领域，整体上世界互联网呈现出在合作中求同、在曲折中前进、在创新中发展的态势。5G、IPv6、物联网、卫星互联网、工业互联网等基础设施建设稳步推进，与人工智能等新兴技术深度融合，支撑全球数字经济发展和数字化转型，带动经济和社会实现新的发展；全球数字经济活力充沛，加速释放数字技术带来的红利；网络文化的多样性发展丰富了人类精神生活，促进了人类文明交融互鉴；网络安全防护能力建设普遍加强，安全产业持续保持增长势头；构建网络空间命运共同体日益成为国际社会的广泛共识，支持网络主权的呼声日渐高涨。但也要看到，前沿技术发展带来的网络安全新风险逐步凸显，网络空间军事化态势愈演愈烈，传统网络安全威胁与新型网络安全威胁相互交织，网络空间国际规则的脆弱性和不确定性不断显现，全球互联网发展面临新的挑战。

（一）数字基础设施建设稳步推进

2019 年，以 5G 和 IPv6 为代表的数字基础设施建设稳步推进。5G

具有的增强型移动宽带（eMBB）、海量物联网（mMTC）、高可靠低时延（uRLLC）三大特性，以及 IPv6 的丰富网络地址资源、高安全特性、强应用扩展性和高效网络转发等优势，为万物互联时代的到来提供了技术保障。目前，全球多个国家（地区）的运营商都在积极推进 5G 商用部署。截至 2019 年 6 月底，全球已有 94 个国家共 280 家运营商开展了 5G 测试和试验，韩国、美国、瑞士、意大利、英国、阿联酋、西班牙和科威特均已开始提供 5G 商用服务。根据高通 5G 报告，预计，到 2035 年，5G 将在全球创造 12.3 万亿美元经济产出，中国 5G 价值链总产出将高达 9840 亿美元，创造就业机会 950 万个，居世界第一[1]。同时，全球网络及服务提供商也在加强 IPv6 部署。根据谷歌相关数据，2018 年全球所有连接互联网的网络中超过 25%实现 IPv6 连接，有 24 个国家（地区）通过 IPv6 提供超过 15%的流量。美国、日本、印度等国的电信运营商都在推动采用 IPv6 地址，中国主要电信运营商已经全部实现 IPv6 互通，并开启了 IPv6 国际出口。预计到 2025 年，中国将成为全球 IPv6 用户数量最多的国家。

（二）互联网技术创新格局日趋多元

各国在互联网信息技术投入方面持续发力，世界范围内的技术创新呈现指数级增长，带动经济和社会实现新一轮飞跃式发展。2019 年美国在全球信息技术和产业领域继续保持领先地位。根据普华永道的分析，全球前十大创新企业中有 8 个为美国互联网产业和信息技术相关企业（苹果、亚马逊、字母表、微软、特斯拉、脸书、英特尔、网飞）[2]。与

---

[1] 高通：《5G 经济》，2017 年 5G 峰会，2017 年 2 月 22 日。

[2] 普华永道思略特：《2018 年度全球创新 1000 强报告》（*The 2018 Global Innovation 1000 Study*），2018 年 11 月 1 日。

此同时，世界科技创新格局日益呈现多元发展趋势。主要国家在互联网领域的创业和风险投资比重持续加大，纷纷制定相关战略规划，人工智能、量子计算等新技术逐渐成为各国竞争角逐的关键领域。例如，2018 年，美国发布了《机器崛起：人工智能对美国政策不断增长的影响》，欧盟发布了《人工智能协调计划》，法国制定了《人工智能战略》，德国发布了《联邦政府人工智能战略要点》等。

（三）全球数字经济发展亮点突出

当前世界经济正处在动能转换的重要时期，数字经济成为推动经济和社会持续转型的强大驱动力。各国数字经济占 GDP 比重均呈现上涨态势，拉动 GDP 增长的作用显著。联合国贸易和发展会议估算数字经济规模占世界 GDP 的 4.5%～15.5%。数字经济与实体经济进一步融合发展，行业间跨界融合与垂直整合力度加大，数字产业化和产业数字化稳步推进。全球电子信息制造业持续增长，服务业与数字技术深度融合，催生共享经济、平台经济等新模式、新业态。全球工业互联网平台产业加速发展，大数据、云计算、人工智能等新一代信息技术驱动的制造业数字化转型呈现出巨大潜力，工业互联网、金融科技、人工智能应用、智慧城市成为发展的亮点。数字经济已经成为各国提升国际竞争力的重要方向，加快释放数字技术带来的红利成为各国的共同选择。数字技术帮助更多发展中经济体和中小微企业参与到全球价值链中，但也可能给发展中国家就业产生一定程度的冲击，应当引起重视。

（四）新技术对互联网媒体发展影响深刻

2019 年，互联网媒体产业持续高速发展，用户数量进一步增加。统计表明，全球社交媒体用户数量在2019年年初已增长到35亿人，将全球渗透率推高至46%[1]。其中，移动互联网媒体用户成为主力。社交媒体成为获取新闻的重要平台，通过互联网和社交媒体访问新闻资讯人数持续稳定增加，互联网媒体企业与传统新闻行业寻求互利合作新模式，数字新闻订阅或将成为未来新闻行业重点收入来源。全球视频点播市场规模进一步扩大，头部平台优势明显，数字音乐产业发展稳健，音乐流媒体带来丰厚盈利。新技术应用深刻影响互联网媒体的生产和组织方式，5G技术有效提升了数据的生产传播效率，深度改善用户体验；云技术应用改变了媒体生产系统，提升了资源共享和利用率；人工智能进一步优化媒体价值链，提升内容生产效率和传播效果。同时，社交媒体特别是个人即时通信工具成为网络虚假信息集散地，互联网媒体平台的垄断弊端给政府管理、产业发展、技术进步带来挑战。

（五）全球网络安全隐患问题日益凸显

数据泄露、网络攻击、勒索病毒等全球性网络安全事件频发，人工智能、物联网、云计算等新兴技术不断进步，新的网络安全威胁加速更新迭代，针对关键信息基础设施的网络攻击、技术滥用、智能杀伤武器生产等安全问题触动各国神经。2018年8月，委内瑞拉总统在公开活动中受到无人机炸弹袭击，这是全球首例利用人工智能产品进行的恐怖活动。面对日趋严峻的网络安全形势，许多国家已将网络安全提升至国家安全的战略高度，采取完善各项制度、设置专门机构、加强人才培养、健全网络安全监测机制等多种防护措施，以期提升网络安全综合防护能

[1] 数据基于各国最活跃社交平台的每月活跃用户量。数据来源：Hootsuite，2019年7月28日

力。国家间的网络竞争博弈给全球网络安全带来挑战，网络空间的军事化倾向加剧，网络空间战略稳定行为亟待规范，国际合作需要不断加强和深化。

（六）全球网络空间治理步入历史转型期

当前，网络空间与国家治理深度融合，地缘政治冲突逐步蔓延至网络空间，全球网络空间治理进入多边/多方治理并行阶段，处于重要历史转型期。特别是随着大国之间的竞争和博弈加剧，使网络空间国际规则的脆弱性与不确定性更加凸显。面对复杂的国际环境，国家行为体和非国家行为体全面参与治理进程的诉求不断提高，积极创建网络空间治理新规则，以争取良好的全球性运营环境。过去一年，以联合国为代表的国际治理平台持续推进网络空间国际治理进程，在网络空间规则制定、数字经济发展、网络安全等领域均取得一定进展；互联网名称与数字地址分配机构（ICANN）问责制改革进程在探索中前进，后 IANA（互联网数字分配机构）时代全球社群不断加强协商；全球网络空间稳定委员会等平台不断加强规则研究，提出规则建议；传统国际组织，如二十国集团、金砖国家和上海合作组织等积极加快参与网络空间治理的步伐。2019 年 6 月，二十国集团峰会在日本大阪召开，中、美、日、英等 24 国针对国际数据流动、人工智能原则等达成共识，以应对与隐私、数据保护、知识产权和安全相关的挑战。

二、2019 年世界代表性国家的互联网发展状况评估分析

《世界互联网发展报告》在 2017 年首次设立了世界互联网发展指数指标体系。2019 年度指标体系选择五大洲互联网发展具有代表性的 48

个国家进行分析，以反映当前世界互联网最新发展状况。这 48 个国家的名单如下：

美洲的美国、加拿大、巴西、阿根廷、墨西哥、智利、古巴。

亚洲的中国、日本、韩国、印度尼西亚、印度、沙特阿拉伯、土耳其、阿联酋、马来西亚、新加坡、泰国、以色列、哈萨克斯坦、越南、巴基斯坦、伊朗。

欧洲的英国、法国、德国、意大利、俄罗斯、爱沙尼亚、芬兰、挪威、西班牙、瑞士、丹麦、荷兰、葡萄牙、瑞典、乌克兰、波兰、爱尔兰、比利时。

大洋洲的澳大利亚、新西兰。

非洲的南非、埃及、肯尼亚、尼日利亚、埃塞俄比亚。

（一）指数构建

世界互联网发展指数从基础设施、创新能力、产业发展、互联网应用、网络安全、网络治理 6 方面综合测量和反映一个国家的互联网发展水平。过去两年的指标体系包含 6 个一级指标、12～15 个二级指标和若干三级指标，如总论图 1 所示。在前两年研究的基础上，考虑到各项指标元数据的可获取性，2019 年的世界互联网发展指数延续了 6 个一级指标的设置，调整了部分二级指标和三级指标，保留了 14 个二级指标和 31 个三级指标。

鉴于智能手机的广泛应用，移动应用程序发展迅速，新增了移动应用程序创造量作为三级指标；为准确地反映各国消费者使用互联网进行购物的水平，用在线购物占国内零售的比例代替了在线购物市场收入规模；为反映企业应用互联网的能力，新增了互联网在 B2C 交易方面的应

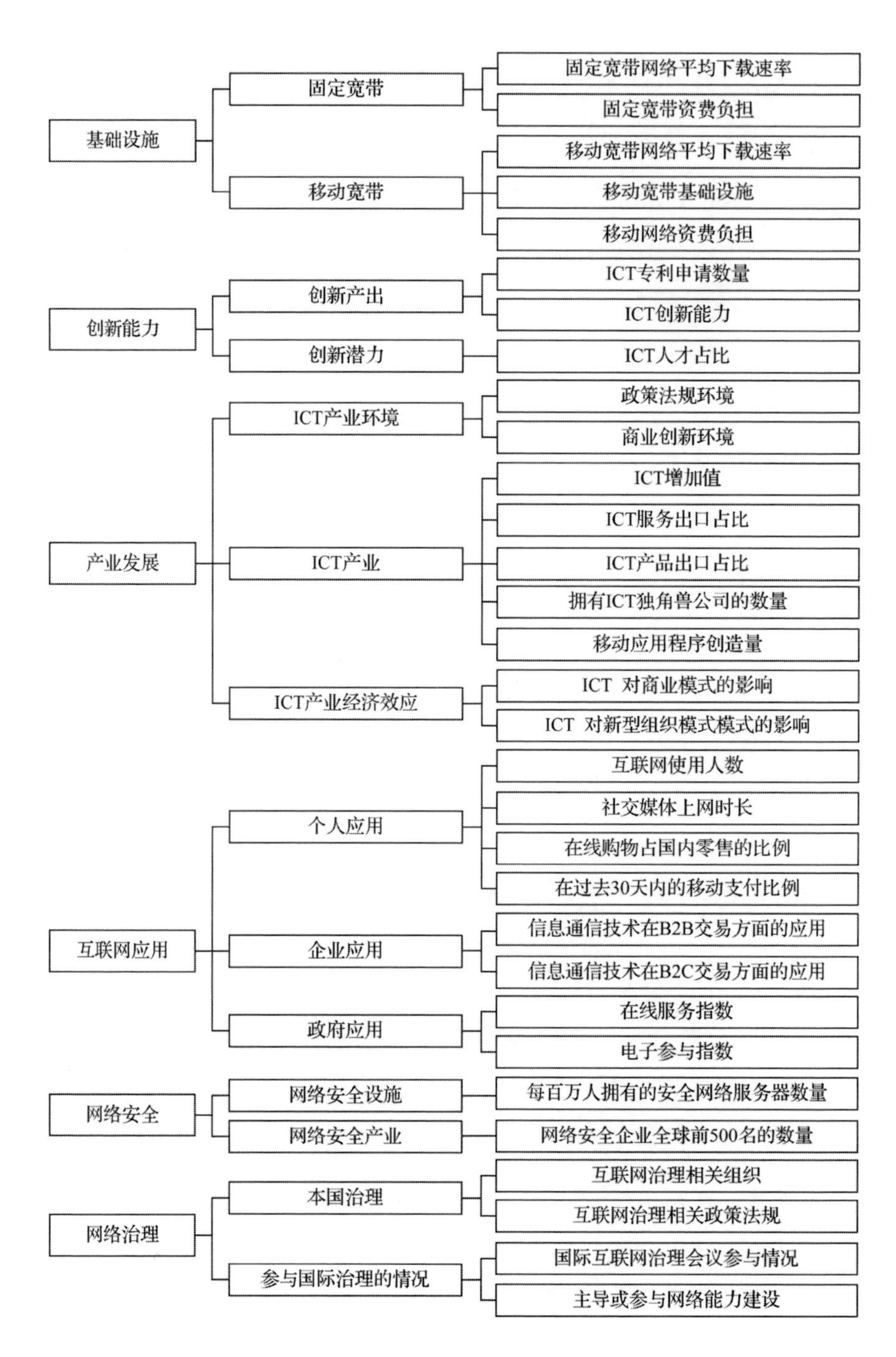

总论图 1 世界互联网发展指数指标体系

用作为三级指标；为将各国帮助其他国家建设互联网作为一项评估标准，新增了主导或参与网络能力建设指标作为三级指标；此外，鉴于数据的可获得性，删除了网络安全承诺指标。

（二）权重确定

基础设施、创新能力、产业发展、互联网应用、网络安全和网络治理情况等是影响互联网发展的主要因素，这几个因素的权重基本与2018年保持一致，所用数据来源均有调整。世界互联网发展指标体系及指标说明见总论表1。

总论表1　世界互联网发展指标体系及指标说明

一级指标	二级指标	三级指标	指标说明	数据来源
1. 基础设施 10%	1.1 固定宽带	1.1.1 固定宽带网络平均下载速率	反映各国固定宽带用户在某段时间内进行网络下载的平均速率	全球数字报告（Global Web Index 等机构）统计的数据（2018 年）
		1.1.2 固定宽带资费负担	反映固定宽带资费在国民总收入中的占比	国际电联数据库（2017 年）
	1.2 移动宽带	1.2.1 移动宽带网络平均下载速率	反映各国移动宽带用户在某段时间内进行网络下载的平均速率	全球数字报告（Global Web Index 等机构）统计的数据（2018 年）
		1.2.2 移动网络基础设施	反映各国移动网络基础设施的建设情况	全球数字报告（Global Web Index 等机构）统计的数据（2018 年）
		1.2.3 移动网络资费负担	反映移动网络资费在国民总收入中的占比	国际电联数据库（2017 年）
2. 创新能力 20%	2.1 创新产出	2.1.1 ICT 专利申请数量	反映各国申请 ICT 专利的水平及能力	经合组织数据库（2016 年）
		2.1.2 ICT 创新能力*	反映各国 ICT 产业的创新水平及能力	世界经济论坛统计的数据（2018 年）
	2.2 创新潜力	2.2.1 ICT 人才占比	反映各国 ICT 领域的人才数量在总人口中的占比	国际劳工组织数据库（2018 年）

续表

一级指标	二级指标	三级指标	指标说明	数据来源
3. 产业发展 20%	3.1 ICT 产业环境	3.1.1 政策法规环境*	反映各国 ICT 产业发展的政策、法律法规环境	世界经济论坛统计的数据（2018 年）
		3.1.2 商业创新环境*	反映各国 ICT 产业发展的商业环境	世界经济论坛统计的数据（2018 年）
	3.2 ICT 产业	3.2.1 ICT 增加值	反映各国 ICT 增加值情况	联合国数据库（2017 年）
		3.2.2 ICT 服务出口占比	反映各国信息通信服务出口规模占国内服务出口规模的比例	世界银行“世界发展指数”（WDI）统计的数据（2017 年）
		3.2.3 ICT 产品出口占比	反映各国信息通信产品出口规模占国内产品出口规模的比例	世界银行“世界发展指数”（WDI）统计的数据（2017 年）
		3.2.4 拥有 ICT 独角兽公司的数量	反映各国拥有市值 10 亿美元以上 ICT 公司的数量	CB Insights 公司统计的数据（2018 年）
		3.2.5 移动应用程序创造量	反映各国移动应用程序的创造情况	世界知识产权组织统计的数据（2018 年）
	3.3 ICT 产业经济效应	3.3.1 ICT 对商业模式的影响	反映各国利用 ICT 技术改善商业模式的程度	世界经济论坛统计（2017 年）
		3.3.2 ICT 对新型组织模式的影响	反映各国利用 ICT 技术改善组织模式的程度，如组建虚拟团队、远程办公等	世界经济论坛统计的数据（2017 年）
4. 互联网应用 30%	4.1 个人应用	4.1.1 互联网使用人数	反映各国网民总数量	全球数字报告（Global Web Index 等机构）统计的数据（2018 年）
		4.1.2 社交媒体上网时长	反映各国社交媒体的上网时长	全球数字报告（Global Web Index 等机构）统计的数据（2018 年）
		4.1.3 在线购物占国内零售比例	反映各国消费者在线购物占国内零售的比例	全球数字报告（Global Web Index 等机构）统计的数据（2018 年）
		4.1.4 在过去 30 天内的移动支付比例	反映各国使用移动设备进行在线支付的比例	全球数字报告（Global Web Index 等机构）统计的数据（2018 年）

续表

一级指标	二级指标	三级指标	指标说明	数据来源
4. 互联网应用 30%	4.2 企业应用	4.2.1 信息通信技术在 B2B 交易方面的应用	反映各国企业在 B2B 交易中使用 ICT 技术的水平及能力	世界经济论坛统计的数据（2017 年）
		4.2.2 互联网在 B2C 交易方面的应用	反映互联网在电子商务中起的作用	世界经济论坛统计的数据（2017 年）
	4.3 政府应用	4.3.1 在线服务指数	反映各国政府网站提供在线服务的水平	联合国统计的数据（2017 年）
		4.3.2 电子参与指数	反映各国民众通过在线渠道与政府沟通的水平	联合国统计的数据（2017 年）
5. 网络安全 10%	5.1 网络安全设施	5.1.1 每百万人拥有的安全网络服务器数量	反映各国每百万人中拥有安全的网络服务器数量	世界银行数据库统计的数据（2018 年）
	5.2 网络安全产业	5.2.1 网络安全企业全球前 500 名的数量	反映各国网络安全企业全球前 500 名的数量	Cybersecurity Ventures 发布的“全球网络安全企业 500 强名单”（2018 年）
6. 网络治理 10%	6.1 互联网治理	6.1.1 互联网治理相关组织	反映各国处理互联网治理等相关组织的设置情况，包括政策、安全、关键信息基础设施保护、CERT、犯罪和消费者保护等具体事务	借鉴国外研究成果，邀请相关领域专家、学者等进行综合评定
		6.1.2 互联网治理相关政策法规	反映各国互联网事务或 ISP 相关法规、政策的制定情况	借鉴国外研究成果，邀请相关领域专家、学者等进行综合评定
	6.2 参与国际治理情况	6.2.1 国际互联网治理会议参与情况	反映各国参与关于网络空间国际研讨会的情况，包括双边会议、多边会议及其他论坛等	借鉴国外研究成果，邀请相关领域专家、学者等进行综合评定
		6.2.2 主导或参与网络能力建设	反映各国帮助其他国家的网络能力建设，给与技术援助、政策指导或培训项目等情况	借鉴国外研究成果，邀请相关领域专家、学者等进行综合评定

注：*表示依据世界经济论坛数据库提供的 2011—2016 年数据而推算得出的。

（三）结果分析

通过对各项指标的计算，得出了48国的互联网发展指数得分，见总论表2。从表中可以看出，中美两国互联网的发展最为突出，但中国总体的技术实力与美国差距依然较大，英法德等欧洲强国在互联网发展方面依然保持较高水平，拉丁美洲及撒哈拉以南非洲地区仍在加大发展力度。

总论表2　48国的互联网发展指数得分

序　号	国　家	得　分	排　名
1	美国	63.86	1
2	中国	53.03	2
3	韩国	49.63	3
4	英国	49.02	4
5	法国	48.49	5
6	芬兰	48.28	6
7	瑞典	47.83	7
8	新加坡	47.71	8
9	德国	47.50	9
10	日本	47.21	10
11	挪威	46.47	11
12	加拿大	46.28	12
13	瑞士	46.17	13
14	以色列	45.96	14
15	丹麦	45.66	15
16	荷兰	44.59	16
17	俄罗斯	44.48	17
18	澳大利亚	44.43	18
19	爱沙尼亚	44.08	19
20	西班牙	43.68	20
21	爱尔兰	42.94	21
22	新西兰	42.85	22
23	印度	42.81	23

续表

序 号	国 家	得 分	排 名
24	波兰	42.67	24
25	意大利	42.02	25
26	阿联酋	41.07	26
27	巴西	40.60	27
28	比利时	40.60	27
29	土耳其	40.54	28
30	马来西亚	40.42	29
31	越南	40.16	30
32	泰国	39.22	31
33	印度尼西亚	38.56	32
34	南非	38.43	33
35	葡萄牙	37.76	34
36	墨西哥	36.96	35
37	乌克兰	36.93	36
38	阿根廷	36.49	37
39	沙特阿拉伯	36.29	38
40	埃及	34.92	39
41	智利	32.70	40
42	伊朗	32.54	41
43	巴基斯坦	30.61	42
44	肯尼亚	30.35	43
45	哈萨克斯坦	29.83	44
46	尼日利亚	29.54	45
47	埃塞俄比亚	25.68	46
48	古巴	23.39	47

1. 信息基础设施进一步优化升级，48 国网络建设水平依然有较大差距

48 国政府积极建设信息基础设施，网络质量持续提升，网络速率得到提高。从评价结果来看，国土面积较小且经济较为发达的国家，如新加坡、挪威、瑞典、瑞士、丹麦、韩国等国在信息基础设施建设方面占

优势，而美国、中国、印度等国由于地域广大，不同地区的信息基础设施发展较为不平衡，影响了这些国家信息基础设施的平均水平。

5G、IPv6 等信息基础设施发展迅速，移动宽带正逐渐向 5G 时代演进，根据《2019 年全球移动经济报告》预计，随着 2019 年 5G 网络发布和兼容设备数量的增加，到 2025 年，5G 连接数量将达到 14 亿。IPv6 商用部署大规模展开，普及率和流量稳步上升。根据亚太互联网络信息中心（APNIC）统计的数据，截至 2019 年 6 月底，全球 IPv6 部署率达 22.84%，印度、美国和比利时的部署率超过 50%。

目前，各国网络建设水平依然有较大差距。北美、欧洲、亚洲等国家和地区积极发展 5G，据 OpenSignal 测试，在 8 个已经开始商用 5G 网络的主要国家和地区中，美国的建设水平和质量体验较高，其 5G 真实世界下行最高速率为 1815Mb/s，是 4G 峰值的 2.7 倍。瑞士、韩国、澳大利亚、阿联酋、意大利、西班牙、英国等国紧随其后。与之相比，撒哈拉以南非洲仍处于 2G~3G 时代，部分国家已经向运营商分配了 4G 频谱。48 国的信息基础设施得分见总论表 3。

总论表 3　48 国的信息基础设施得分

序　号	国　家	得　分	排　名
1	新加坡	6.00	1
2	挪威	5.17	2
3	瑞典	5.09	3
4	瑞士	4.73	4
5	丹麦	4.68	5
6	法国	4.65	6
7	加拿大	4.50	7
8	韩国	4.44	8
9	俄罗斯	4.31	9
9	澳大利亚	4.31	9

续表

序 号	国 家	得 分	排 名
11	比利时	4.22	10
12	美国	4.10	11
13	荷兰	4.09	12
14	波兰	4.07	13
15	以色列	3.91	14
16	德国	3.90	15
17	芬兰	3.89	16
18	西班牙	3.86	17
19	英国	3.85	18
20	阿联酋	3.83	19
21	日本	3.70	20
22	新西兰	3.60	21
23	爱尔兰	3.57	22
24	爱沙尼亚	3.55	23
25	意大利	3.38	24
26	葡萄牙	3.30	25
27	土耳其	3.25	26
28	中国	3.23	27
29	马来西亚	3.03	28
30	伊朗	3.02	29
31	埃及	2.89	30
32	哈萨克斯坦	2.83	31
33	乌克兰	2.74	32
34	沙特阿拉伯	2.69	33
35	智利	2.61	34
36	泰国	2.50	35
37	阿根廷	2.44	36
38	越南	2.43	37
39	墨西哥	2.42	38
40	南非	2.34	39
41	巴西	2.27	40
42	印度	1.86	41
43	印度尼西亚	1.85	42
44	尼日利亚	1.65	43

续表

序　　号	国　　家	得　　分	排　　名
45	肯尼亚	1.60	44
46	巴基斯坦	1.57	45
47	埃塞俄比亚	1.41	46
48	古巴	0.96	47

2. 48 国的互联网技术创新实力不断攀升，争相打造创新型国家

创新能力是反映一个国家互联网未来发展潜能的主要指标。美国在全球信息技术和产业领域居于领先地位，国内拥有研发密集型和创新型的科技公司及高校，在创新质量方面居全球之首。与此同时，全球科技创新格局逐渐呈现多极化趋势。

欧洲各国市场虽小且较为分散，但在科技创新上出类拔萃。爱尔兰都柏林、法国格勒诺布尔、德国柏林、波兰克拉科夫、爱沙尼亚塔林等都被冠以“欧洲硅谷”的美誉，是大学和研究机构较密集的地区，拥有丰富的研发资源。英国、法国、德国等国在 ICT（信息和通信技术）专利申请和 ICT 人才数量方面不容小觑，尤其是瑞士、瑞典、荷兰、芬兰、丹麦等国更是在 2019 年全球创新指数中位居前十名，被评为最具创新力的国家。

伴随中国、印度、韩国等国的快速发展，亚洲科技能力也不断提升，尤其印度发展表现突出。根据世界知识产权组织在 2019 年 3 月的统计，在 PCT 专利申请数量居前十名的国家中，中国、日本、韩国分别列第二、三、五位，其中，印度增长速度最快，达到 27.2%，位列前十五名。48 国的互联网创新能力得分见总论表 4。

总论表4　48国的互联网创新能力得分

序　　号	国　　家	得　　分	排　　名
1	美国	9.10	1
2	中国	8.96	2
3	日本	8.90	3
4	韩国	8.40	4
5	德国	8.22	5
6	瑞典	7.97	6
7	英国	7.92	7
8	法国	7.83	8
9	加拿大	7.71	9
10	以色列	7.67	10
11	荷兰	7.49	11
12	芬兰	7.48	12
13	印度	7.40	13
14	瑞士	7.39	14
15	澳大利亚	7.25	15
16	意大利	7.12	16
17	新加坡	7.06	17
18	比利时	6.99	18
19	爱尔兰	6.99	18
20	俄罗斯	6.98	19
21	丹麦	6.89	20
22	西班牙	6.88	21
23	马来西亚	6.78	22
24	土耳其	6.67	23
25	挪威	6.65	24
26	巴西	6.51	25
27	波兰	6.44	26
28	南非	6.29	27
29	沙特阿拉伯	6.23	28
30	墨西哥	6.21	29
31	新西兰	6.21	29
32	葡萄牙	6.20	30

续表

序　号	国　家	得　分	排　名
33	乌克兰	6.13	31
34	阿联酋	5.97	32
35	爱沙尼亚	5.62	33
36	智利	5.50	34
37	泰国	5.45	35
38	伊朗	5.39	36
39	埃及	5.21	37
40	肯尼亚	5.05	38
41	阿根廷	5.02	39
42	印度尼西亚	5.00	40
43	尼日利亚	4.99	41
44	巴基斯坦	4.99	41
45	哈萨克斯坦	4.53	42
46	越南	4.51	43
47	埃塞俄比亚	4.44	44
48	古巴	3.89	45

3. 48国积极发展互联网产业，独角兽企业主要集中于中美两国

互联网行业持续快速发展，与实体经济协调发展的趋势越来越明显，经济新动能显著增强。中美两国成为互联网初创企业蓬勃发展的沃土，在全球占据发展优势地位。根据CB Insights公布的2019年全球独角兽企业名单，共有326家公司上榜。从占比来看，中美两国的独角兽企业在全球占比76.3%。美国的独角兽企业最多（159个），占比达到48%。中国的独角兽企业数量排名第二（92个），占比达28%。英国和印度上榜的独角兽企业数量分别为17家（5%）和13家（4%），分别位列第三和第四，印度独角兽企业数量增长迅速，排名稳步提升。虽然欧洲国家在互联网初创企业和新模式新业态发展上相对落后，但是德国、瑞士、芬兰、爱沙尼亚等国在ICT服务出口方面居于领先地位。而亚太国家如

中国、韩国、马来西亚、新加坡等，则在 ICT 产品出口方面占有一定的优势。

随着智能手机在全球范围内使用率的提高以及 5G 网络的商用，移动 App 日益丰富，移动应用经济有望迎来新一轮腾飞。据市场研究公司 App Annie 估算，2020 年全球移动应用经济规模将达到 1 010 亿美元。美国、中国和日本等规模较大的市场处在应用收入整体增长的中心，印度、印度尼西亚、墨西哥和阿根廷等正在迅速发展的市场也将迎来大量机会。48 国的互联网产业发展得分见总论表 5。

总论表 5　48 的国互联网产业发展得分

序　号	国　家	得　分	排　名
1	美国	18.00	1
2	中国	15.68	2
3	以色列	14.43	3
4	芬兰	14.27	4
5	韩国	12.88	5
6	瑞典	12.80	6
7	爱沙尼亚	12.76	7
8	丹麦	12.36	8
9	瑞士	11.97	9
10	新加坡	11.94	10
11	爱尔兰	11.81	11
12	英国	11.68	12
13	越南	11.59	13
14	法国	11.56	14
15	乌克兰	11.22	15
16	荷兰	11.04	16
17	加拿大	10.92	17
18	新西兰	10.88	18
19	俄罗斯	10.84	19
20	日本	10.79	20

续表

序　号	国　家	得　分	排　名
21	印度	10.68	21
22	波兰	10.65	22
23	挪威	10.62	23
24	澳大利亚	10.56	24
25	德国	10.47	25
26	西班牙	10.27	26
27	巴西	10.06	27
28	土耳其	9.94	28
29	阿联酋	9.30	29
30	南非	9.29	30
31	马来西亚	9.23	31
32	巴基斯坦	9.16	32
33	意大利	8.87	33
34	阿根廷	8.85	34
35	印度尼西亚	8.72	35
36	泰国	8.69	36
37	葡萄牙	8.31	37
38	比利时	8.20	38
39	墨西哥	8.12	39
40	沙特阿拉伯	7.78	40
41	智利	7.69	41
42	埃及	7.66	42
43	尼日利亚	7.59	43
44	肯尼亚	7.50	44
45	哈萨克斯坦	7.49	45
46	伊朗	6.06	46
47	埃塞俄比亚	5.85	47
48	古巴	5.68	48

4. 网民大国的个人互联网应用较有优势，发达国家的企业和政府互联网应用较好

个人、企业和政府是互联网应用的三大主体。在个人应用方面，网

民人数较多的国家具有明显优势，如美国、中国、印度、印度尼西亚等国的社交媒体、网络购物、网约车等服务应用广泛。根据《全球数字报告（2019）》统计的数据，全球网民平均每天上网时间达到了 6 小时 42 分钟，其中社交媒体占据了大量时间，平均为 2 小时 16 分钟，南美洲国家如巴西、阿根廷、墨西哥、智利等国的网民用时较为突出。

在企业级互联网应用方面，美欧等发达国家发展水平较高，而亚洲、南美及非洲很多发展中国家则应用不足。从企业的角度分析，德国、美国等欧美国家实力雄厚，甲骨文（Oracle）、Salesforce、Workday 和 Servicenow 是企业级应用的领跑者，微软和亚马逊也有很大比例的企业级业务。在工业机器人领域，瑞士 ABB、德国库卡（Kuka）、日本发那科（FANUC）和安川电机（Yaskawa）基本垄断了全球相关的市场。基于这些企业的支持和雄厚的工业发展基础，欧美企业级互联网应用水平很高，发展中国家与之相比差距较大。

在政府应用方面，一般而言，经济发展水平越高的国家其电子政务发展水平也越高。欧洲国家在全球范围内引领电子政务的发展，提供移动应用和其他在线服务的国家数量一直在增加；美洲和亚洲部分发达国家的电子政务水平同样位居世界前列，如美国、韩国、日本、新加坡等；而非洲的电子政务发展水平普遍不高。48 国的互联网应用得分见总论表 6。

总论表 6　48 国的互联网应用得分

序　号	国　家	得　分	排　名
1	中国	13.90	1
2	英国	13.87	2
3	美国	13.86	3
4	挪威	13.72	4
5	泰国	13.54	5
6	印度尼西亚	13.52	6

续表

序　号	国　家	得　分	排　名
7	德国	13.52	6
8	芬兰	13.42	7
9	法国	13.06	8
10	韩国	13.05	9
11	印度	12.86	10
12	荷兰	12.85	11
13	越南	12.64	12
14	日本	12.53	13
15	瑞典	12.48	14
16	波兰	12.46	15
17	马来西亚	12.44	16
18	西班牙	12.34	17
19	意大利	12.34	17
20	丹麦	12.32	18
21	巴西	12.20	19
22	加拿大	12.04	20
23	新加坡	12.03	21
24	土耳其	12.02	22
25	澳大利亚	11.98	23
26	墨西哥	11.86	24
27	比利时	11.85	25
28	新西兰	11.85	25
29	阿联酋	11.73	26
30	瑞士	11.65	27
31	爱尔兰	11.46	28
32	俄罗斯	11.31	29
33	阿根廷	11.27	30
34	爱沙尼亚	11.05	31
35	南非	10.69	32
36	葡萄牙	10.59	33
37	埃及	10.02	34

续表

序　号	国　家	得　分	排　名
38	沙特阿拉伯	10.02	35
39	以色列	9.84	36
40	伊朗	9.43	37
41	智利	8.70	38
42	乌克兰	8.10	39
43	肯尼亚	8.00	40
44	尼日利亚	6.67	41
45	哈萨克斯坦	6.28	42
46	巴基斯坦	6.27	43
47	埃塞俄比亚	5.55	44
48	古巴	4.34	45

5. 美国网络安全能力全球领先，欧盟更加注重个人隐私保护

美国积极建设兼具防御和攻击能力的网络空间安全体系，尤其是网络安全企业实力强大。根据研究平台 Cybersecurity Ventures 在 2018 年 5 月发布的“全球网络安全创新 500 强”企业名单，美国公司上榜数量最多，以 358 家的压倒性优势位居第一。以色列位居第二，有 42 家企业上榜，显示出了强劲的网络安全产业能力。

欧盟更加注重对个人数据和隐私的保护，其颁布的《通用数据保护条例》（GDPR）成为其他国家制定隐私政策的重要参照。欧盟也借此成功统一了成员国的数据保护规则，为个人和企业提供了更稳定的法律预期。但也有研究指出，一年来，GDPR 的实施反映出其内容太过复杂，消费者难于理解，企业难以执行，影响了用户在线访问，导致监管机构资源紧张，甚至伤害了欧洲科技初创企业，存在不利于技术发展等诸多问题。48 国的网络安全能力得分见总论表 7。

总论表7　48国的网络安全能力得分

序　　号	国　　家	得　　分	排　　名
1	美国	9.30	1
2	以色列	3.46	2
3	英国	3.15	3
4	德国	2.86	4
5	法国	2.85	5
6	瑞典	2.84	6
7	瑞士	2.84	6
8	新加坡	2.80	7
9	丹麦	2.78	8
10	荷兰	2.77	9
11	芬兰	2.77	9
12	爱尔兰	2.75	10
13	爱沙尼亚	2.74	11
14	日本	2.74	11
15	加拿大	2.74	11
16	澳大利亚	2.73	12
17	西班牙	2.73	12
18	新西兰	2.72	13
19	挪威	2.72	13
20	意大利	2.71	14
21	葡萄牙	2.71	14
22	中国	2.71	14
23	南非	2.70	15
24	比利时	2.70	15
25	智利	2.69	16
26	波兰	2.69	16
27	俄罗斯	2.68	17
28	韩国	2.68	17
29	马来西亚	2.68	17
30	乌克兰	2.67	18
31	土耳其	2.66	19
32	阿根廷	2.64	20

续表

序　号	国　家	得　分	排　名
33	巴西	2.64	21
34	越南	2.63	22
35	阿联酋	2.63	22
36	印度尼西亚	2.63	22
37	哈萨克斯坦	2.63	22
38	印度	2.62	23
39	泰国	2.60	24
40	伊朗	2.57	25
41	尼日利亚	2.57	25
42	墨西哥	2.56	26
43	沙特阿拉伯	2.56	26
44	巴基斯坦	2.54	27
45	肯尼亚	2.50	28
46	埃及	2.50	28
47	古巴	2.45	29
48	埃塞俄比亚	2.37	30

6. 政府主导的互联网治理理念支持者增多，多边参与模式逐渐被接受

数字经济时代需要更广泛的国家政策和监管框架，平衡监管与创新成为重要难题。虽然各国在网络空间国际规则的制定方面依然存在较大分歧，多利益相关方模式与多边主义之争仍然延续，但是国际社会在网络空间治理领域的共识进一步增强，维护网络主权日益得到更多国家的认同，各国政府在网络治理中的作用更加凸显。华盛顿智库全球发展研究中心（Center for Global Development）的研究报告表示，越来越多的国家正追随中国，开始效仿中国的互联网监管模式，如一些西非国家及越南等国。48 国的网络治理能力得分见总论表 8。

总论表 8　48 国的网络治理能力得分

序　　号	国　　家	得　　分	排　　名
1	美国	9.50	1
2	中国	8.55	2
3	日本	8.55	2
4	英国	8.55	2
5	法国	8.55	2
6	德国	8.55	2
7	加拿大	8.36	3
8	俄罗斯	8.36	3
9	爱沙尼亚	8.36	3
10	韩国	8.17	4
11	新加坡	7.88	5
12	阿联酋	7.60	6
13	意大利	7.60	6
14	挪威	7.60	6
15	西班牙	7.60	6
16	瑞士	7.60	6
17	澳大利亚	7.60	6
18	新西兰	7.60	6
19	印度	7.40	7
20	南非	7.12	8
21	沙特阿拉伯	7.02	9
22	巴西	6.93	10
23	印度尼西亚	6.83	11
24	埃及	6.64	12
25	以色列	6.64	12
26	丹麦	6.64	12
27	葡萄牙	6.64	12
28	瑞典	6.64	12
29	比利时	6.64	12
30	泰国	6.45	13
31	芬兰	6.45	13
32	越南	6.36	14

续表

序　号	国　家	得　分	排　名
33	荷兰	6.36	14
34	波兰	6.36	14
35	爱尔兰	6.36	14
36	阿根廷	6.26	15
37	马来西亚	6.26	15
38	古巴	6.07	16
39	哈萨克斯坦	6.07	16
40	巴基斯坦	6.07	16
41	乌克兰	6.07	16
42	尼日利亚	6.07	16
43	埃塞俄比亚	6.07	16
44	伊朗	6.07	16
45	土耳其	5.98	17
46	墨西哥	5.79	18
47	肯尼亚	5.69	19
48	智利	5.50	20

三、部分代表性国家的互联网发展状况

通过对比48国的互联网发展指数得分，可以看出，北美、欧洲及亚洲等发达国家和地区的互联网平均发展水平普遍较高，拉丁美洲及撒哈拉以南非洲发展中国家和地区也在加大发展力度。其中，美国、中国、韩国、法国、德国、以色列、俄罗斯、印度、巴西、南非的互联网发展状况比较有代表性。下面选取上述10国进行分析。

（一）美国

作为世界互联网大国，美国始终引领着世界互联网技术的创新发展，在世界互联网发展指数排名中，美国排名居全球首位，在创新能力、产业发展、网络安全、网络治理方面都位居前列，各领域实力都比较突出；互联网应用水平仅次于中国和英国，居第 3 位；在基础设施方面，数字鸿沟问题依然存在，排名第 12 位。美国的互联网发展指数如总论图 2 所示。

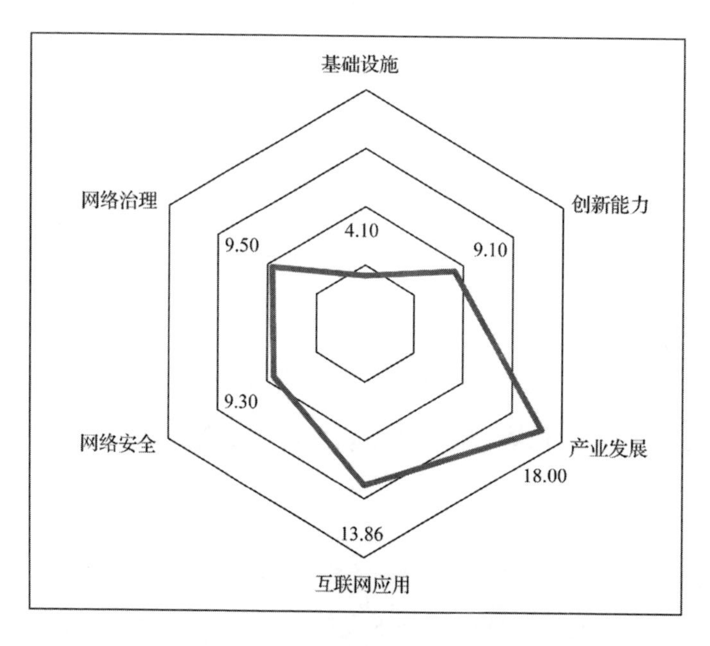

总论图 2　美国的互联网发展指数

美国政府注重加强信息基础设施建设，电信兼互联网运营商 Verizon、AT&T 持续加大对光纤网络的投资力度，预计 2019 年 AT&T 将向 1 250 万个家庭提供 1Gb/s（吉比特每秒）的 FTTP（光纤到户）服务。

继续加强 5G 方面的部署，推进“5G 快速计划”，频谱监管机构已完成适合 5G 部署的频谱拍卖。美国 21 个州已颁布相关法律法规，加速小型基站的部署。

美国在资金投入、专利和科技出版物数量、人才建设等方面具有明显优势，特别是在产业集群发展方面，拥有硅谷等顶级创新集群。

美国的互联网企业成为全球互联网发展的风向标。在福布斯发布的“2019 年全球十大科技公司排行榜”中，包括苹果、微软、Alphabet、英特尔、IBM、Facebook、思科、甲骨文在内的美国企业占了 8 个。

美国政府高度重视网络安全，制定和出台了多项政策。2018 年 5 月，美国国土安全部（DHS）发布了《网络安全战略》，为美提供未来 5 年执行网络安全责任的框架；美国能源部发布了《能源行业网络安全多年计划》，以降低网络事件给美国能源带来的风险。美国目前的《国家安全战略》也大篇幅强调网络安全。2019 年 8 月，美国国家标准与技术研究院（NIST）发布了《物联网设备网络安全功能核心基准》草案，旨在降低物联网安全风险。

（二）中国

中国的互联网发展水平仅次于美国，尤以互联网应用（居第 1 位）、创新能力（居第 2 位）和产业发展（居第 2 位）较为突出，创新能力的迅速提升得益于中国在信息技术专利方面的布局，专利数量优势进一步扩大。在网络治理方面（居第 2 位），互联网治理体系逐渐完善，同时积累了较为丰富的实践经验。但是在基础设施（居第 28 位）和网络安全能力（并列第 20 位）建设方面，还有较大的发展空间。中国的互联网发展指数如总论图 3 所示。

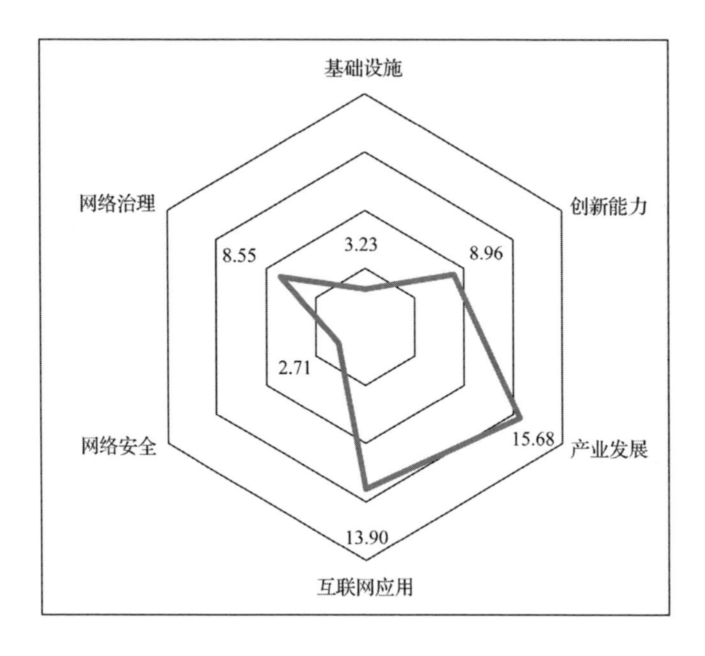

总论图 3　中国的互联网发展指数

中国政府持续加强信息基础设施建设，加快实施“宽带中国”战略，深入落实“提速降费”政策，光纤宽带发展进入全球领先行列，超过 90% 的宽带用户使用光纤接入。截至 2018 年 12 月底，互联网宽带接入端口达到 8.86 亿个，比 2017 年年底净增 1.1 亿个。在移动互联网方面，5G 商用进度加速，特别是商用牌照正式发放，行业发展进入到快车道。物联网应用有望爆发，预计智能家居、智能汽车等行业将最先受益，数万亿的智能设备市场将被激活。

在创新能力方面，中国深入实施创新驱动发展战略，加快人工智能、量子计算、神经网络芯片等前沿技术发展，在网络技术、移动芯片、智能终端、云计算、大数据等多个领域实现突破。根据世界知识产权组织的统计报告，中国的专利、商标和工业品外观设计三大类知识产权的申请量居全球领先地位。在 5G 国际标准方面，中国已成为领先者。根据德国专利数据公司 IPLytics 公布的数据，截至 2019 年 3 月，中国厂商申请的主要 5G 专利数量占全球总数的 34%。

中国政府全面推动互联网与经济的深度融合，电子商务、互联网信息服务蓬勃发展，互联网与产业融合的新模式、新业态不断涌现。2018 年，中国数字经济规模达 31.3 万亿元[1]，占国内生产总值（GDP）的 34.8%。数字经济已成为中国经济增长的新引擎。

中国着力推进网络安全产业发展壮大，网络安全技术创新活跃。一批网络安全企业加快发展，新产品服务不断涌现，产业综合实力稳步增强，网络安全产业规模持续增长。

中国的移动互联网应用形式更加多样，与生产生活结合更为密切的服务类应用增长迅速。小程序、短视频、视频直播等应用延长了用户使用手机的时间，手机游戏、生活服务和移动购物等成为用户日常的应用，生鲜送达、订餐订票等线下流量反哺线上的趋势明显，促使移动互联网接入流量保持高速增长。App Annie 公布的数据显示，2018 年，全球 App 下载量突破 1 940 亿次。其中，中国市场上的下载量最大，占比约 50%。

（三）韩国

韩国在世界互联网发展指数中排名第 3 位，其中，基础设施（居第 8 位）发展比较完善，创新能力（居第 4 位）、产业发展（居第 5 位）、互联网应用（居第 10 位）、网络治理（居第 10 位）稳步发展，网络安全（并列第 27 位）还有待继续加强。韩国互联网发展指数如总论图 4 所示。

---

[1] 数据来源：国家互联网信息办公室发布的《数字中国建设发展报告（2018 年）》。

韩国是互联网基础设施最为完善的国家之一，拥有领先的网速。互联网速度测试公司 Ookla 的调查显示，截至 2019 年 5 月，韩国移动互联网下载速度排名第一，达到 76.74 Mb/s（兆比特每秒）。在韩国首尔，无论是在地铁、出租车、机场等公共交通还是公共场所，都提供免费无线网络服务。韩国的互联网发展指数如总论图 4 所示。

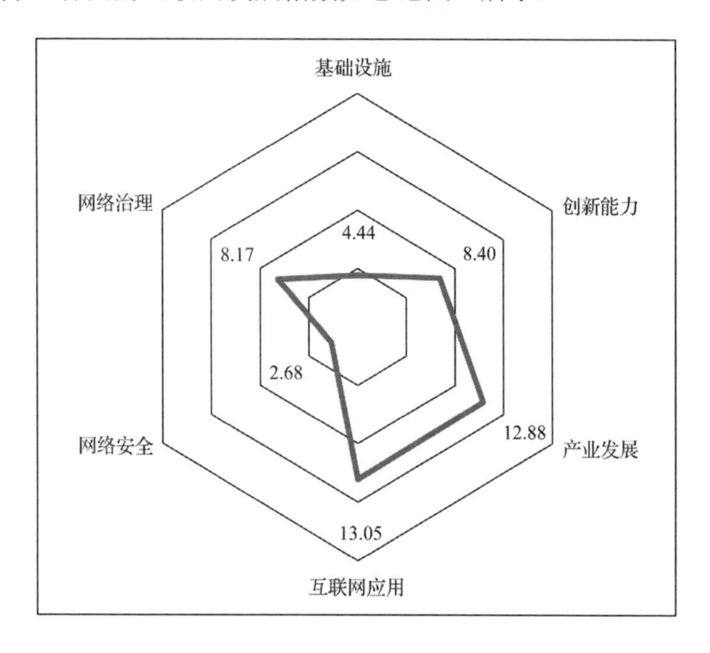

总论图 4　韩国的互联网发展指数

韩国互联网应用发达，尤以社交媒体和游戏最为突出。韩国本土 KakaoTalk 是最常使用的社交软件，以 94.4%的使用率垄断国内市场。继韩国推出 5G 商用网络后，韩国三大电信运营商已正式开始为民众办理 5G 手机入网手续，并推出多项基于 5G 的应用服务。在部署 5G 网络建设的同时，韩国还积极参与相关标准的制定。

韩国政府不断制定和完善网络安全方面的法律制度，发布了《国家网络安全战略》，建立了由网络安全管理、关键信息基础设施保护、信息通信网络稳定性保障、数据安全等各相关专门性法律和综合性法律组成的网络安全法律体系。韩国也是世界上最早设立网络审查机构、专门为网络审查立法的国家之一。

（四）法国

法国在世界互联网发展指数中排名第 5 位，综合实力相对比较均衡，在基础设施（居第 6 位）、创新能力（居第 8 位）、产业发展（居第 14 位）、互联网应用（并列第 9 位）、网络安全（居第 5 位）、网络治理（并列第 2 位）方面，均名列前茅。法国的互联网发展指数如总论图 5 所示。

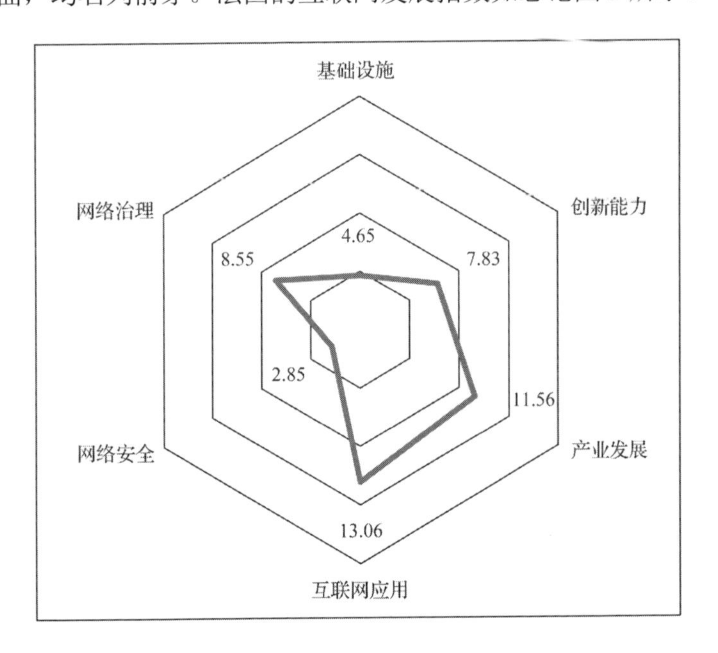

总论图 5　法国的互联网发展指数

法国在创新信息基础设施、人力资本和研究等方面优势较为突出，在巴黎、里昂、格勒诺布尔等地拥有诸多具有创新能力的创新集群。法国国家统计局的数据显示，得益于劳动市场和税收改革，2018 年，初创企业数量大幅增长 17%。此外，法国在知识和技术产出领域也有较大突破，特别是在计算机软件方面的提升幅度明显。

在产业发展方面，法国拥有 Orange、SFR、Free Mobile 等全球知名通信运营商，以及源讯、达索等科技巨头企业，还有多家估值超过 10 亿美元的初创企业。截至 2018 年，法国现有的人工智能领域初创企业达 109 家，占世界总量的 3.1%，聚焦在医疗卫生、制造业、交通、公共服务、环境、金融服务等多个领域。

法国军方正计划开发和部署网络进攻性武器，进一步提升防护水平。到 2025 年，法国将拨款用于雇佣 1 000 名网络战士，加强网络部队建设。法国国防部发布了进攻型网络作战条令，将传统军事作战与网络作战相结合，维护国家主权安全。

（五）德国

德国在世界互联网发展指数中排名第 9 位，其中，基础设施居第 16 位，创新能力居第 5 位，产业发展居第 25 位，互联网应用并列第 6 位，网络安全居第 4 位，网络治理并列第 2 位。德国的互联网发展指数如总论图 6 所示。

德国政府不断加大信息基础设施领域的投入，2018 年成立了“数字化基础设施专项基金”，投入 24 亿欧元，用于推动宽带互联网建设和“数字学校”工程。未来 4 年，这项专项基金将继续投资并发挥作用。2019 年 7 月，德国电信宣布推出 5G 商用网络，将在 2020 年年底覆盖 20 个城市。

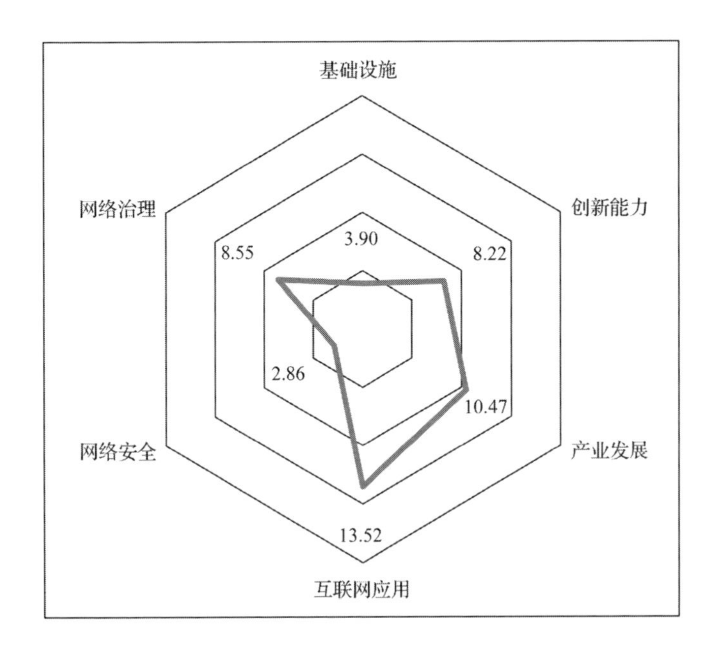

总论图 6　德国的互联网发展指数

德国政府不断增加对创新的投入，为进一步激励科研创新，推动创新成果的转化，弗劳恩霍夫协会与欧洲投资基金决定共同设立一项基金，名为“弗劳恩霍夫技术转化基金”，基金规模为 6 000 万欧元，旨在促进该协会所属的 72 个研究所和研究机构的知识产权市场转化。

德国深耕于“人工智能-德国制造”的发展道路，支持高等院校、科研机构和企业等多方力量设立人工智能国际实验室，促进以卓越为导向的国际科研合作，推动创新研究，强化知识与技术的转移。

（六）以色列

以色列在世界互联网发展指数中排名第 14 位，其中，基础设施排名第 15 位，创新能力排名第 10 位，产业发展排名第 3 位，互联网应用排名第 39 位，网络安全排名第 2 位，网络治理并列第 24 位。以色列的互联网发展指数如总论图 7 所示。

以色列在半导体、虚拟现实、人工智能等方面的技术创新能力全球领先。2018 年 8 月世界经济论坛发布的《2018 年全球竞争力报告》显示，以色列研发投入占 GDP 的比重全球最高（4.3%）。北部城市赫兹利亚的跨国科技公司密集，被称为“小硅谷”。

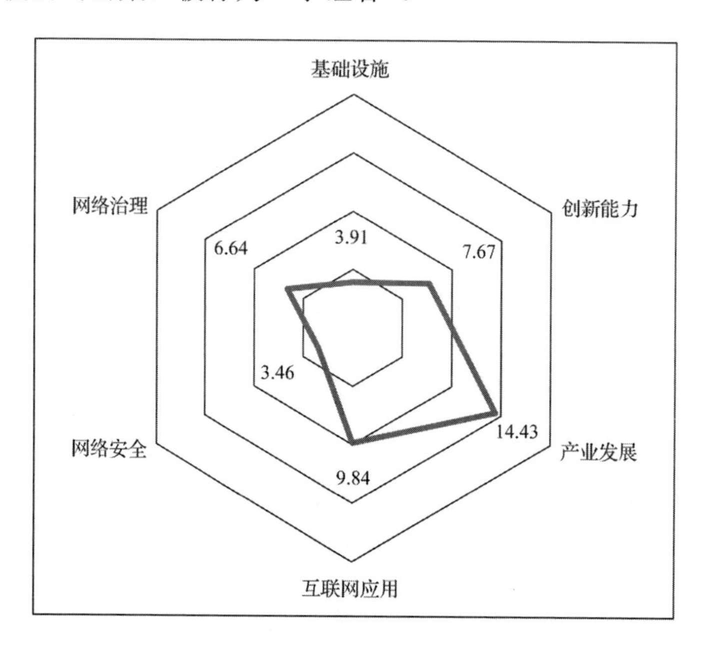

总论图 7　以色列的互联网发展指数

以色列是创业公司的摇篮，为技术创新提供了更多可能性。《2018 年全球竞争力报告》还显示，以色列在创业风险包容度和创业公司发展方面都位列世界第一。根据以色列创新局发布的报告，以色列人均拥有的初创企业数量位列世界第一，平均每年有 140 家人工智能初创企业成立，现有 950 多家活跃的初创企业在使用或开发人工智能技术。

以色列在网络安全方面优势比较明显，始终走在世界前列，有超过

400 家网络公司和 50 个跨国公司研发中心。德国电信、易安信、洛克希德-马丁公司、花旗银行、PayPal、通用电气、亚马逊、思科、英特尔、AVG、甲骨文等国际知名企业纷纷在以色列设立网络安全研发中心，超过 90%的“全球 500 强企业”采用以色列的网络安全解决方案。目前，以色列已掌握病毒入侵、程序破坏、网络欺骗等多种手段，可有针对性地实施网络攻击。

（七）俄罗斯

在 2019 年世界互联网发展指数中，俄罗斯排名第 17 位。作为最早发展现代互联网、人工智能、数字货币等技术的国家，目前俄罗斯的基础设施排名第 9 位，创新能力排名第 20 位，产业发展排名第 19 位，互联网应用排名第 32 位，网络安全排名第 27 位，网络治理并列第 7 位。俄罗斯互联网发展指数如总论图 8 所示。

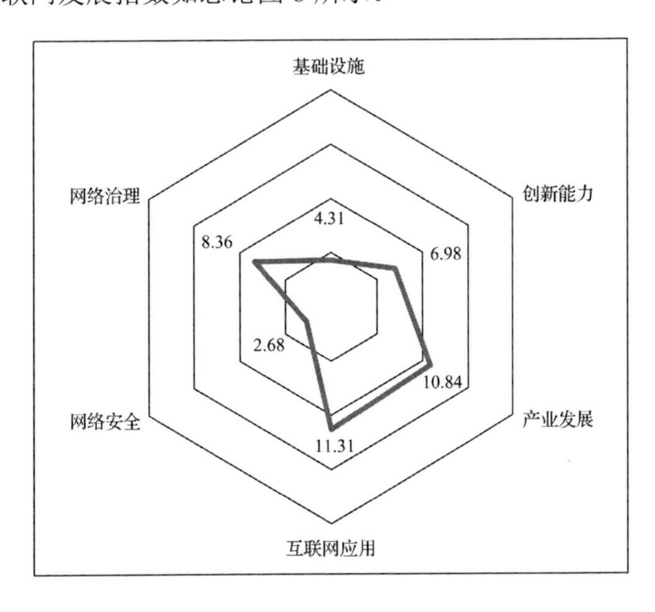

总论图 8　俄罗斯的互联网发展指数

目前，俄罗斯正加速 5G 商用进程，积极推动经济转型。尤其是莫斯科已经尝试为 5G 的发展铺路，吸引各大运营商投资，到 2020 年力争将莫斯科建成首个 5G 城市。

在创新能力方面，莫斯科近郊的斯科尔科沃（Skolkovo）创新中心作为俄罗斯的“硅谷”，已经有约 2 000 家高科技企业入驻，重点发展新一代多媒体搜索引擎、影像识别和处理技术、分析软件、手机应用软件、新一代数据传输与存储、云计算、信息安全、无线传感网络、医药领域信息技术。

俄罗斯政府着眼于提升网络综合治理能力，在加强顶层设计、加大惩处力度方面持续发力。2019 年 3 月，俄罗斯总统普京签署了《侮辱国家法》和《假新闻法》，加大对“公然传播不尊重俄罗斯社会、宪法或政府机构的信息”的惩罚力度，以打击错误信息传播和网络侮辱言论。2019 年 5 月，俄总统签署了《俄罗斯主权互联网法案》，以确保俄罗斯的互联网在遭遇外部“断网”等冲击时仍能稳定运行，是针对网络空间现状及其面临的威胁所选择的一种“预先防御行动”。

（八）印度

印度在世界互联网发展指数中排名第 23 位，其中，基础设施排名第 42 位，创新能力排名第 13 位，产业发展排名第 21 位，互联网应用排名第 11 位，网络安全排名第 38 位，网络治理排名第 19 位。印度的互联网发展指数如总论图 9 所示。

印度的信息基础设施发展相对滞后，但发展空间较大，近年来进步速度很快，网民数量、互联网普及率均大幅提升。据《2019 年互联网趋势报告》统计，2018 年印度的互联网用户数占全球的 12%，仅次于中国。从网民增长规模看，印度网民过去一年增加了 9 789 万人，增幅达 21%；互联网普及率约为 41%，较 2017 年的 31%有重大进步。全球电信行业机构 GSM 协会预测，到 2025 年，美国将有一半的人口连接 5G 服务，中国约有三成的人连接 5G，印度则有 3%的人口连接 5G 服务。从长远来看，印度 5G 市场将是巨大的。

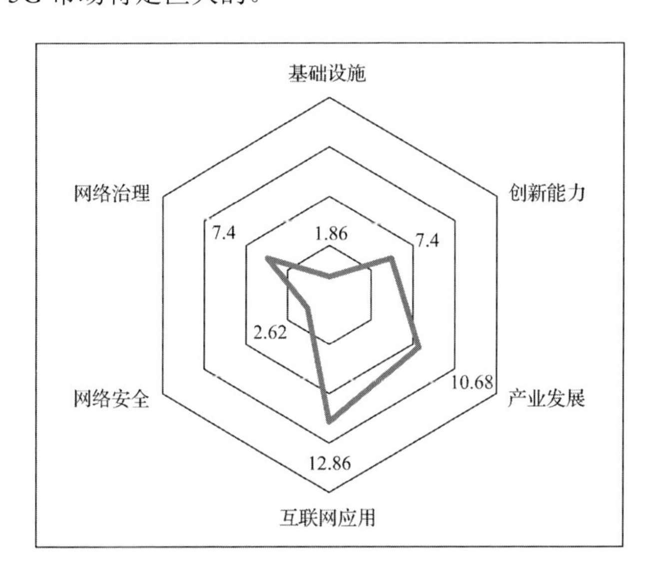

总论图 9　印度的互联网发展指数

印度高度重视创新方面的研发投入，拥有高质量的科学出版物和高校，国际竞争力和创新能力不断提高。2019 年 7 月，世界知识产权组织发布了《2019 年全球创新指数》，将印度列为中亚和南亚地区领先者，班加罗尔、孟买和新德里进入全球百强科技集群名单。

印度互联网创投（VC）蓬勃发展，拥有 13 亿人口与 5.6 亿移动互联网用户的印度在过去 5 年中经历了互联网行业的高速发展，国际投资者和 IT 从业者纷纷将印度看作继中国之后的下一个“十亿人市场”。根据市场分析公司 Tracxn 在 2019 年 3 月发布的数据，中国对印度的风险投资在 2018 年高达 56 亿美元，是 2016 年的 6.68 亿美元的 8.3 倍多。印度媒体平台 Inc 42 在 2019 年 1 月表示，2018 年，涵盖 743 项具体领域的印度初创企业共获得了 110 亿美元的资金，其中金融科技和电子商务领域最受投资者关注。

印度是全球最大的移动数据消费国，也是增长最快的互联网和智能手机市场。目前印度是世界上仅次于中国的第二大电信市场，4 亿多城市人口中有 2.95 亿使用手机上网，而农村 9 亿多人口中也有近 2 亿的互联网用户，且这一数字仍在不断上涨。全球移动通信系统协会预测，印度移动上网用户每年将以 6%的速度增长，到 2020 年，移动上网人口将达到 6.7 亿。

（九）巴西

按国土面积排名，巴西是世界第五大国家，也是南美洲最大的国家，拥有 2.12 亿人口。在世界互联网发展指数中，巴西排名第 27 位。其中，基础设施排名第 41 位，创新能力排名第 26 位，产业发展排名第 27 位，互联网应用排名第 21 位，网络安全排名第 32 位，网络治理排名第 22 位。巴西的互联网发展指数如总论图 10 所示。

巴西在信息产业发展方面特别是本土初创企业充满活力。2018 年，巴西风险资本投资达 13 亿美元（2017 年为 8.59 亿美元），占拉美投资总额的 66%。截至 2018 年，巴西有 8 家初创企业成为价值 10 亿美元以上的独角兽企业，从叫车服务、送餐服务、信贷服务到电子银行，信息产业发展十分迅速。巴西的金融体系一直是创新的主要领域，超过一半的人口是在线银行的活跃用户，58%的银行交易是在线交易。

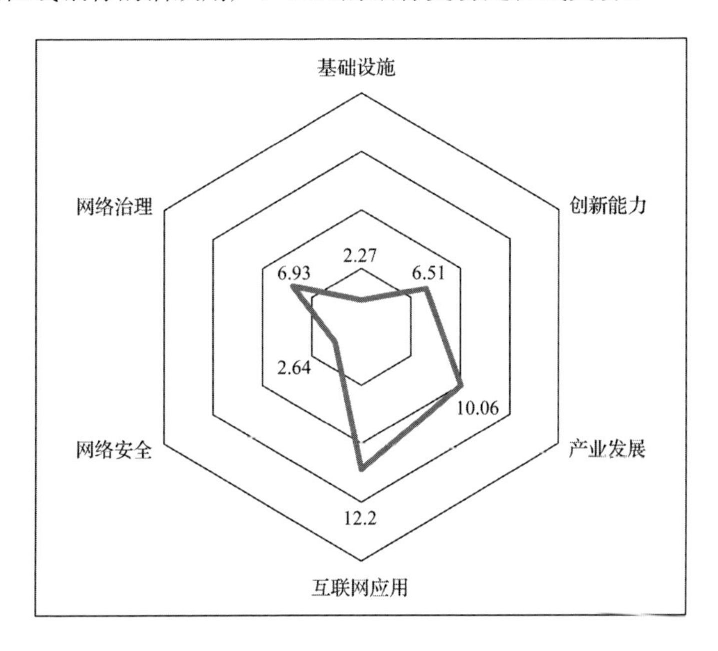

总论图 10 巴西互联网发展指数

巴西政府一直在为激励创新努力，但还有必要对现行政策进行考量并进一步调整和改进。巴西的研发支出占 GDP 的比例约 1.17%，只有经济合作与发展组织（OECD）成员国平均水平（2.5%）的一半。从专利申请数量看，巴西专利申请量仅占金砖五国总量的 2.2%，占全球的 0.003%。人才短缺问题仍然存在。约 61%的巴西企业表示缺乏具备足够技能的工人，而对于经济合作与发展组织面成员国而言这一数字只有 34%。巴西 21.6%的劳动力受雇于知识密集型行业，这一数字只有经济合作与发展组织成员国（39.8%）的一半左右。受到关税和非关税壁垒的影响，巴西的技术进口比较困难，使国家和企业难以接触到国际前沿技术。与拉美国家相比尽管巴西的创新产出能力较好，但仍远低于经济合作与发展组织成员国的平均水平，可能持续依赖低技能、低创新的劳动密集型产业。

巴西是全球第三大移动互联网使用国，在互联网用户中，移动用户占 93%，超过 2/3 的巴西人拥有智能手机。巴西人平均每天上网时间为 9 小时 29 分钟，远高于全球平均水平 6 小时 42 分钟，排名世界第二。电子商务迅速发展，成为拉丁美洲最大的电子商务市场。根据巴西咨询公司 GS&MD 的调查，巴西的互联网用户对电子商务工具的信任指数达 64%，远高于世界平均水平。巴西政府门户网站（brasil.gov.br）的数据显示，该国电子商务市场年增长率为 20%～25%。

（十）南非

南非在世界互联网发展指数中排名第 34 位，其中，基础设施排名第 40 位，创新能力排名第 28 位，产业发展排名第 30 位，互联网应用排名第 35 位，网络安全并列第 23 位，网络治理排名第 20 位。南非的互联网发展指数如总论图 11 所示。

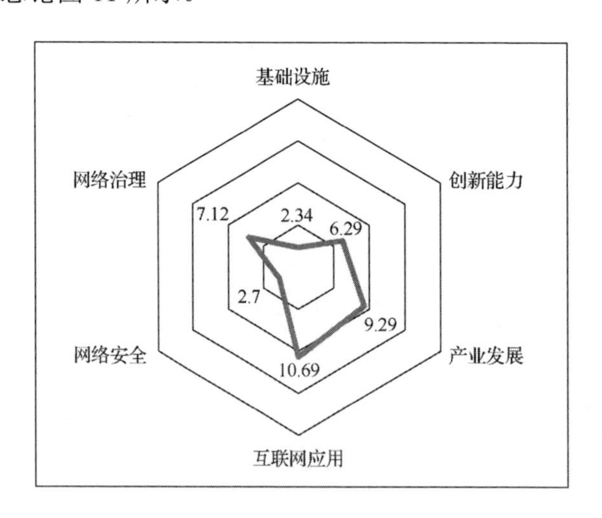

总论图 11　南非的互联网发展指数

南非致力于完善国内的科技创新体系。3019 年 3 月，南非发布了新版《科技创新白皮书》，将科技创新置于南非发展的中心地位。

在产业发展方面，Naspers（南非报业）是南非著名的投资巨头和互联网巨头，是全球前十名互联网企业之一，也是中国互联网企业腾讯的第一大股东。此外，东欧第一大电商 Allegro、俄罗斯互联网巨头之一 Mail.ru、印度最大电商 Flipkart 以及南美一系列互联网资产背后都获得 Naspers 的投资。

在互联网应用方面，全球电子商务流量排前十名的网站中，有 5 个是南非的本土网站。南非移动支付并不发达，物流业发展缓慢，影响了电子商务发展。社交媒体方面，目前南非注册用户规模最大的社交网络平台前三名依次是脸书、优兔和推特。其中，脸书注册用户数已占南非总人口的 1/5。南非的互联网发展指数如总论图 11 所示。

四、2020年世界互联网展望

纵观全球，放眼未来，世界互联网发展正处于不确定性显著增强的阶段，呈现创新加快、竞争加剧的发展态势，非技术性因素的作用明显增大。历经 50 年的风雨，人类发展互联网的大幕才刚刚开启，互联网对人类社会生活的颠覆性变革远未到来。人工智能、物联网、5G、IPv6、量子计算、数据技术、区块链等能量的迸发均是基于互联网带来的技术与应用的融合、创新、突破和提升的。随着网络环境下社会分工的调整、以数据为代表的生产资料占有形式的改变、全球范围财富形态和经济增长方式的迁移，面向经济社会的各个领域、各个层面、各种维度的冲击可能将在世界范围内次第展开，这些不仅考验人类驾驭技术发展的能力，更关乎人类的前途命运。

互联网的发展将深刻改变和影响人类社会的未来。2020 年，世界各国应坚持将互联网作为人类的共同家园，强化网络空间命运共同体意识，以更加积极的态度共同应对网络空间的风险挑战，加强沟通、扩大共识、深化合作，合力推动网络空间的共商、共建、共享、共治，让互联网发展成果更好地造福世界各国人民。

（一）互联网发展不平衡的问题依然突出，亟待加强网络普及

当前，不同国家和地区在互联网普及度、信息基础设施建设、技术创新、安全风险防范等方面的发展程度和水平极不平衡，国际数字鸿沟问题依然存在，影响和限制了世界各国特别是发展中国家和最不发达国家的信息化建设和数字化转型。国际社会有责任担当起推动互联网发展普及的历史重任，制定适应新技术革命和产业变革的有效政策，持续加强网络基础设施的互联互通建设，注重提高农村和偏远地区接入互联网的能力，为广大发展中国家和最不发达国家提供必要的资金、技术、人才支持，让世界人民共享互联网发展成果。

（二）面对数字经济快速发展的重大机遇，亟待推动技术创新

数字经济是人类社会发展的一种新经济形态，如今日益成为全球经济发展的新动能，在全球经济发展中占据着重要地位。数字经济最鲜明

的特点就是以数据作为关键生产要素，以有效运用网络信息技术作为提升全要素生产率和优化经济结构的核心驱动力。各国应积极鼓励互联网领域的技术创新创造，加快云计算、大数据、区块链、物联网、人工智能等新一代信息技术的发展，推动新技术、新应用、新业态的培育，促进数字经济与传统产业深度融合。特别是各国应本着开放合作、互利共赢的原则，加快 5G、IPv6 等技术研发和网络部署，共同推进全球经济的数字转型。

（三）网络文化健康发展面临新的挑战，亟待规范网络空间秩序

网络文化的多样性发展丰富了人类精神生活，促进了人类文明交流。推动网络文化的繁荣发展，是世界人民的共同期盼。当前，网络空间信任基础面临被破坏的威胁，网络欺诈、网络暴力等违法犯罪行为屡禁不止，部分网络产品逐渐成为违法犯罪的载体，影响和冲击文化传播的正常秩序。各国应携手打造网上不同文化互动平台，促进不同文化交流互鉴，推动形成网络环境下文明交融新生态；应积极推进优秀文化产品的网络传播，弘扬积极向上、公平正义的正能量；应合力规范网络空间秩序，加强沟通交流，强化各方协作，助力世界文明和谐进步。

（四）针对日益严峻的网络安全形势，亟待强化网络安全防护

随着网络空间成为人类发展新的价值要地，网络空间安全问题日益突出。网络攻击日趋复杂，网络黑客呈现出规模化、组织化、产业化和专业化等发展特点，攻击手段日益翻新、攻击频率日益频繁、攻击规模

日益庞大，各类网络攻击事件对全球经济社会发展造成的影响越来越大。世界经济论坛发布的《2018 年全球风险报告》指出，2018 年全球前五大安全风险中，网络攻击、数据诈骗或数据盗窃都位列其中。国际社会应加强信任，有效合作，开放共享，推进建立全球网络安全规范。各国应加强网络安全领域的沟通协商，加强关键信息基础设施的安全防护，提升全球网络安全防护意识和保障能力，携手共建安全、稳定、互信的网络安全新秩序。

（五）支持网络主权的呼声日渐高涨，亟待推动互联网治理体系变革

随着越来越多的国家认同、支持和维护网络主权，现行互联网治理体系不适应的地方越来越多，国际社会对变革互联网治理体系的呼声也越来越高。特别是少数国家的单边主义和保护主义扰乱了全球产业链，给互联网的未来发展带来很大的不确定性。推动全球互联网治理体系变革是国际社会的共同责任，应坚持多边参与、多方参与，维护各国在网络空间平等的发展权、参与权、治理权，发挥政府、国际组织、互联网企业、技术社群、民间机构、公民个人等各种主体作用，推动建立多边、民主、透明的治理体系，协力构建网络空间命运共同体。

第1章　世界信息基础设施发展状况

1.1　概述

信息基础设施是信息社会的基础性、战略性资源，事关经济社会转型升级、事关国家安全和发展全局、事关各国人民福祉。世界主要国家加大战略部署，加强前瞻布局，积极推进网络设施向新一代信息基础设施转型升级，着力加快5G、人工智能、工业互联网、物联网等新型基础设施建设，共同推动全球网络基础设施互联互通，为抢抓信息革命新机遇、培育经济发展新动能、重塑国家竞争新优势、共享互联网发展新成果奠定基础。

（1）宽带网络设施加快演进升级。固定宽带持续普及，超高清等高带宽需求加速千兆光网部署，5G进入商用元年。空间信息基础设施建设竞争激烈，高轨高通量宽带卫星的发射和低轨卫星星座系统的竞争进入白热化状态。软件定义网络（SDN）提供更强的网络掌控能力，人工智能向电信网络延伸，电信运营商在提升网络智能化建设方面加大投入。

（2）应用基础设施平稳发展。IPv6普及率和流量稳步上升，移动网络是推动IPv6部署的主要驱动力，软/硬件IPv6支持度持续提升。万物互联、网络视频、VR/AR等新型互联网业务推动全球互联网流量保持高速增长。全球数据中心量减体增，美国超大规模数据中心总量优势仍然明显，亚太和 EMEA（欧洲、中东、非洲地区的合称）地区数据中心需求增长较快。边缘计算正成为各国产业界的关注焦点。互联网交换中心聚合效应显著，全球范围内普及进程明显提速。国际主流交换中心已经实现由基础运营企业网络接入点（NAP）向互联网交换点（IXP）转型。

（3）新型信息基础设施加快部署。主流运营商加快蜂窝物联网设施部署，物联网应用场景大范围扩展，NB-IoT/eMTC 成为主流运营商最主要的物联网技术选择，LoRa（低功耗局域网无线标准）成为私有网络部署的典型。发展工业互联网成为普遍共识，工业互联网平台建设活跃，全球形成了以美国、欧洲、亚太地区为主的三大聚集区。

1.2 宽带网络

1.2.1 高带宽需求加速千兆光网部署

1. 超高清视频和 VR（虚拟现实）促进接入能力升级

当前，超高清产业已经初具规模，全球超高清用户超过 2 亿户，4K/8K 电视普及率越来越高，更多优质 4K 电视节目、电影、直播、游戏等内容产品不断推出。视频质量的提升对网络能力提出了更高的要求，特别是超高清视频直播更是对网络的稳定性和可靠性提出新的要求，需要解决低时延、低丢包率等问题。全球 VR 产业日益成熟，应用不断深入，二维平面视频向以 VR 为主的立体视频扩展。VR 360° 球面视频、空间体视频需要的视频宽带流量提升 10～100 倍，对带宽提出了更高需求。

2. 光纤宽带网络加快部署

10G PON、DOCSIS 3.0 等技术的部署带动光纤宽带接入能力向千兆迈进。中国上海积极建设“双千兆第一城”，到 2019 年第 3 季度，实现千兆宽带覆盖 560 万家庭用户和 3 000 栋楼宇，实现千兆宽带全覆盖的目标。固定宽带用户普及率持续提升。根据 Point Topic 的数据，截至 2018 年年底，全球固定宽带用户数达到 10.27 亿人，同比增长 9.58%。在技术方面，铜缆连接量继续下降，同比下降 8%，光纤连接增长 22%，电缆（Cable）用户增长 3%。中国仍然是光纤增长最大的市场，截至 2018 年年底，FTTH（光纤到户）连接增长 24%，相当于同时期全球 FTTH 净增长的 74%。其他 FTTII 显著增长的国家是泰国、爱尔兰、意大利和巴西，这 4 国的 FTTH 季度增长率分别为 35%、21%、15%和 14%。

2017 年第 3 季度—2018 年第 4 季度全球固定宽带用户发展情况如图 1-1 所示，2018 年第 4 季度全球各区域固定宽带分技术市场占比如图 1-2 所示。

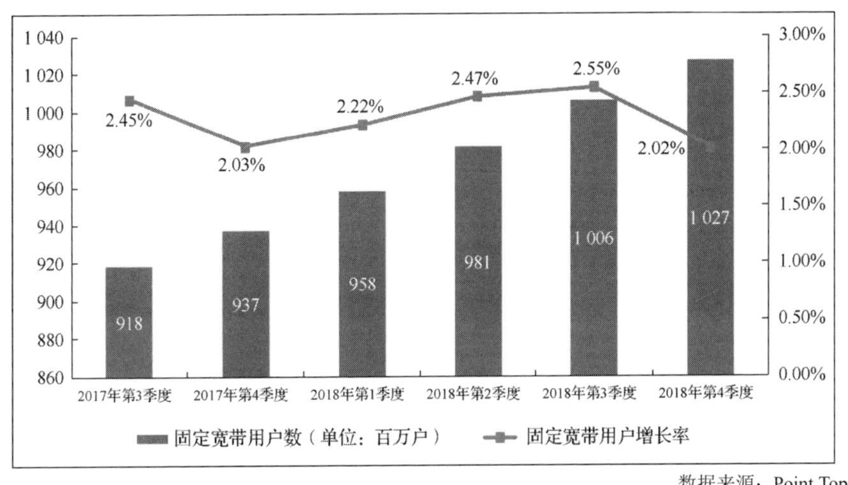

数据来源：Point Topic

图 1-1　2017 年第 3 季度—2018 年第 4 季度全球固定宽带用户发展情况

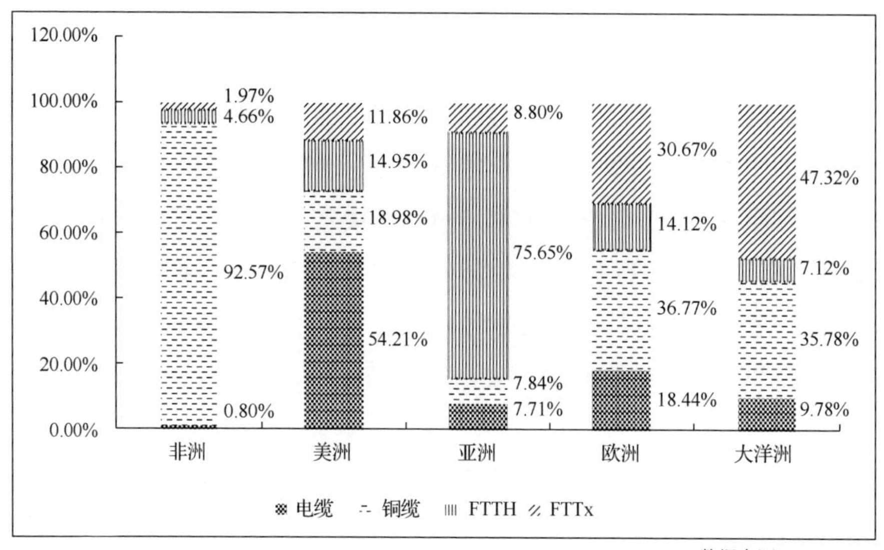

数据来源：Point Topic

图 1-2　2018 年第 4 季度全球各区域固定宽带分技术市场占比

1.2.2　移动宽带向 5G 演进

1. 4G 建设进入平稳期

根据全球移动供应商协会（GSA）的研究报告，截至 2019 年 6 月，全球有 752 家运营商在 223 个国家/地区运营 4G LTE 网络，提供移动或固定无线接入服务。其中，至少有 160 个运营商推出了 LTE-TDD 网络。据 GSMA Intelligence 统计，截至 2019 年 6 月底，全球移动用户数已达到 78.4 亿人，移动用户普及率达到 101.6%。其中，4G 用户达到 37.4 亿人，4G 用户占比达 47.7%。

全球分地区移动用户发展情况如图 1-3 所示。

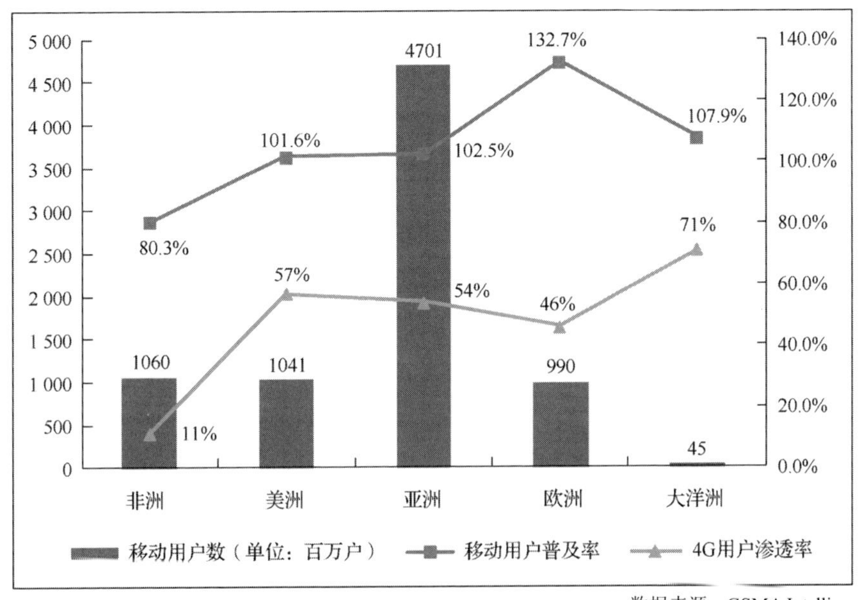

数据来源：GSMA Intelligence

图 1-3　全球分地区移动用户发展情况（截至 2019 年 6 月底）

2. 5G 网络启动商用

2019 年是 5G 商用元年。截至 2019 年 6 月底，全球 5G 用户已达到 203 万人，已有 94 个国家的 280 家运营商以测试、试验、试点、计划和实际部署的形式投资 5G 网络。其中，韩国、美国、瑞士、意大利、英国、阿联酋、西班牙和科威特等 16 个国家的 26 家运营商已能够提供符合 3GPP 标准的商业 5G 服务。韩国在 2019 年 4 月 3 日抢先推出商业 5G 服务，成为全球率先对普通用户开通 5G 商用网络的国家；美国在同一天也启动了 5G 商业运营；中国于 2019 年 6 月 6 日正式发放 5G 牌照，运营商已开始大规模建设 5G 网络，首批将在 40 个城市实现 5G 覆盖，陆续向公众放号。

2014—2019 年第 2 季度全球 2G/3G/4G/5G 用户占比情况如图 1-4 所示。

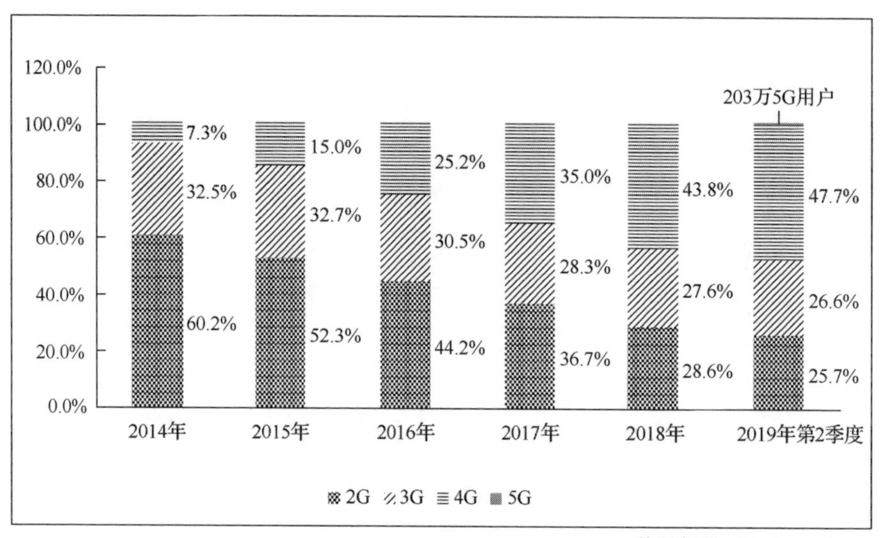

数据来源：GSMA Intelligence

图 1-4　2014—2019 年第 2 季度全球 2G/3G/4G/5G 用户占比情况

（1）5G 技术标准趋于成熟。根据 3GPP 5G 空口标准的最新时间表（Rel-15/16/17），Rel-15 已经全部完成并冻结（不再增加新的特性）；Rel-16 正在进行中，冻结时间推迟；Rel-17 已经启动准备工作。目前，正在全球范围内启动中的 5G 商用服务，主要还是基于 2019 年 3 月发布的标准的 Rel-15 NSA 模式。Rel-16 作为 5G 第二阶段标准版本，主要关注垂直行业应用及整体系统的提升，主要功能包括面向智能汽车交通领域的 5G V2X，在工业物联网和超可靠低延迟通信（uRLLC）增强方面，增加可以在工厂全面替代有线以太网的 5G NR 能力，如时间敏感联网等。目前，Rel-16 正在制定过程中，冻结时间由原定的 2019 年 12 月推迟至 2020 年 3 月，ASN.1 冻结时间推迟到 2020 年 6 月。3GPP 将于 2019 年 12 月最终确认批准 Rel-17 的内容，后面开始正式制定 Rel-17，计划 2021 年 6 月冻结。

（2）5G 频谱分配各有侧重。5G 时代，移动通信不仅要满足人与人之间的通信，还需满足机器与机器、物与物之间的通信。面对海量连接需求，频谱资源成为具有重要战略意义的稀缺资源，也面临着巨大的缺口与压力。各国在国际电信联盟（ITU）的频谱规划框架下，根据自身频率划分和使用状况，出台了各自的 5G 频谱策略。全球移动供应商协会（GSA）的报告显示，700MHz、3400～3800MHz 和 24～29.5GHz 是 5G 主力频段，全球大多数 5G 部署都集中在 3.5G 中频频段。美国联邦通信委员会（FCC）提供了大量高频毫米波频段用于 5G 商用网络部署。欧盟将 700MHz、3.4～3.8GHz、24.25～27.5GHz、31.8～33.4GHz、40.5～43.5GHz 等作为 5G 频段。在亚太地区，中国已为 5G 业务分配 2.6GHz、3.5GHz 和 4.9GHz 频段，韩国三大运营商商用 5G 网络目前使用的都是 3.5GHz 频段。

（3）混合组网成主流方案。目前，全球已实现 5G 商用的国家均采用非独立组网/独立组网（NSA/SA）混合组网方案，初期采用 NSA 架构以实现快速建网。中国电信运营商各有侧重，中国电信已建成以 SA 为主、NSA/SA 混合组网的跨省跨域规模试验网，中国移动实现了 2.6GHz 端到端 NSA 商用，并将实现 2.6GHz 端到端 SA 预商用能力。新加坡信息通信媒体发展管理局（IMDA）支持在该国部署独立组网的 5G 网络（5G SA），以提供网络切片和低延迟连接应用等全套 5G 功能，但 SingTel（新加坡电信）等电信运营商希望从商业角度考虑 5G 网络的部署策略，建议考虑 NSA 组网模式。

3. 各国积极推动 5G 配套设施共建共享

信息基础设施共享是实施 5G 的重要基础，各国都积极采取措施，推进铁塔等信息基础设施的共建共享，开放建筑、塔杆等公共设施资源，为 5G 建设提供便利。英国电信与地方、地区和国家政府积极合作，希望进入灯柱和其他高层建筑安装基站天线。美国希望在联邦、州、地方层面清除 5G 建设障碍，美国联邦通信委员会（FCC）已改革了一些规则以适应小蜂窝移动通信的发展，至今有一半的州通过了新的基站选址改革法案，为 5G 建设提供便利，降低运营商网络部署成本。巴西将审查电杆共享协议，以保证在公平、合理和非歧视性条件下接入配电柱，支持高容量光网络安装和支持 5G 天线部署。

1.2.3 空间信息基础设施建设竞争激烈

全球空间信息基础设施建设竞争激烈，高轨高通量宽带卫星的发射和低轨卫星星座的竞争进入白热化状态，全球卫星导航系统的建设和服务不断完善和精准。

1. 全球高轨高通量宽带卫星平稳发展

高轨高通量卫星向网络宽带化、覆盖全球化、通信高频化、卫星载荷灵活化、终端天线平板化、应用移动化、运营多元化、天地一体化等方向发展，频率更高的 Ka 频段（26.5～40GHz）甚至 V 频段（136～174MHz）转发器投入使用。目前，发射升空的高轨高通量卫星通信带宽已达数百 Gb/s，正在研制中的 ViaSat-3 卫星单星容量将达到 Tb/s 量级。国际卫星通信公司（Intelsat）的最新一颗高轨高通量卫星 Horizons-3e 已在 2019 年第 1 季度开始为亚太地区提供服务；以色列 Spacecom 公司的

AMOS-17 高轨高通量卫星在 2019 年 8 月发射，扩大了对非洲、中东和欧洲的覆盖；新加坡 Kacific 公司的第一颗高轨高通量卫星 Kacific-1 在 2019 年第 3 季度发射，其小型终端能够以低成本提供 100Mb/s 以上的上网速度。

2. 全球中低轨卫星星座竞争进入白热化状态

中低轨卫星星座是近几年卫星市场研究和投资的热点。中低轨卫星星座具有连接无例外、网速宽带化的特点，与已经成熟的高轨高通量卫星相比，建设成本更低、灵活度更高。2018 年年底，中国有关企业的虹云星座和鸿雁星座先后成功发射首发星，在轨期间将开展多项功能试验验证，为后续系统的全面建设提供有力支撑。2019 年 2 月，美国的 OneWeb 公司成功发射首批 6 颗卫星，OneWeb 的星座计划从概念验证迈入商业化运作，预计到 2021 年，将建成由 588 颗卫星组成的近地轨道卫星星座。2019 年 5 月底，美国 SpaceX 公司的“星链”（Starlink）首批 60 颗卫星成功发射，并进入既定轨道，Starlink 星座组网拉开序幕。

3. 全球卫星导航系统平稳发展

目前，世界上有美国全球定位系统（GPS）、中国北斗卫星导航系统、欧洲伽利略卫星定位系统（GALILEO）、俄罗斯全球卫星导航系统（GLONASS）四大全球导航系统，还有印度区域导航卫星系统（IRNSS）和日本准天顶卫星导航定位系统（QZSS）两个区域性导航系统。这六大系统在军用价值、民用价值、实用性和稳定性等方面各有千秋，并在近年不断建设完善。

2018 年年底，美国首颗 GPSIII卫星成功发射，较二代卫星精度提高了 3 倍，抗干扰能力提高了 8 倍，寿命延长至 15 年。截至 2019 年 6 月底，中国北斗卫星导航系统已拥有 46 颗在轨卫星，实现了全球覆盖、性能提升和服务拓展，能够为全球用户提供遇险报警及定位服务。俄罗斯 GLONASS 系统在轨运行卫星接近 30 颗，可为全球用户提供陆地、海上及空中的定位和导航服务。欧洲 GALILEO 系统已基本实现全球信号覆盖，预计在 2020 年实现全部卫星组网。印度的 IRNSS 系统主要为印度及其周边 1500km 范围内的用户提供导航服务。日本的 QZSS 系统作为美国 GPS 系统的辅助，计划到 2023 年扩充到 7 颗卫星，实现独立且高精度定位。

1.2.4 全球海底光缆/陆地光缆建设持续推进

1. 国际互联网带宽增长速度放缓

截至 2019 年 6 月，全球国际互联网带宽达到 466Tb/s，年复合增长率约 28%，增速有所放缓。全球各区域国际互联网带宽增长速度不同，非洲国际互联网带宽增长最快，年复合增长率达到 45%。其次是亚洲，年复合增长率为 42%。北美地区继续保持区域间带宽集中领先地位。从区域间互联网流量流向来看，美国和加拿大依然是全球互联网带宽连接的主要目的地，但近几年呈下降趋势。欧洲依托便宜的 IP 传输价格、丰富的对等网络机会、有利的地理位置和大量的登录海底光缆，吸引了中东、北非和撒哈拉以南非洲 60%以上的流量。2010—2019 年各区域流向北美地区的流量变化如图 1-5 所示，2010—2019 年与欧洲相连的次区域容量变化如图 1-6 所示。

内容提供商推动国际互联网流量增长。根据 Sandvine 的研究报告，Netflix 贡献了全球网络宽带下行流量的 15%；游戏正在成为流量的重要贡献者；直播开始对网络产生明显影响，世界杯和超级碗是全球网络高峰的贡献者，超过了 YouTube 和其他视频应用。

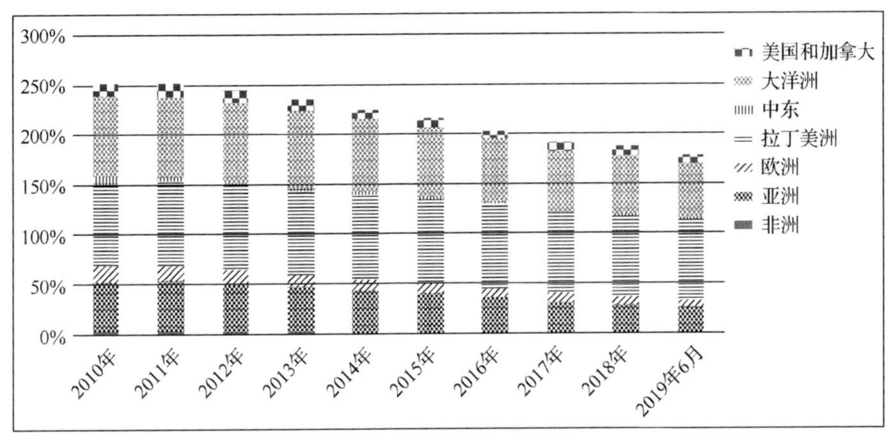

数据来源：Telegeography

图 1-5　2010—2019 年各区域流向北美地区的流量变化

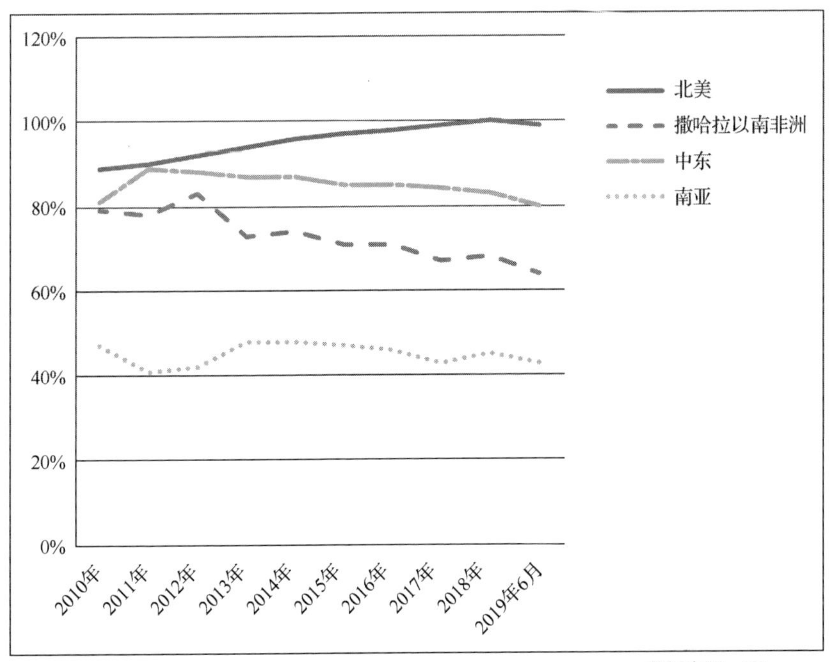

数据来源：Telegeography

图 1-6　2010—2019 年与欧洲相连的次区域容量变化

2. 海底光缆持续扩张

国际海底光缆作为全球互联网的神经中枢，仍是目前全球各国关注和投入的重点领域。根据中国信息通信研究院统计，2018 年 6 月至今，JUPITER、SAIL、BRUSA、Hawaiki、ASC 等一批国际海底光缆相继建成投产，同时还有十多个国际海底光缆系统在建或启动。根据 TeleGeography 发布的数据，全球铺设的海底光缆数量已达 448 条，总长度超过 120 万千米。从新建国际海底光缆通达方向来看，美国依然是国际海底光缆连接的主要目的地，欧洲和亚太地区国际海底光缆建设活跃度较高，美国、日本、新加坡、英国、巴西、中国等国是参与国际海底光缆建设的主要力量。作为国际海底光缆建设的重要新生力量，谷歌、微软、脸书等互联网巨头全面参与北美-欧洲、北美-亚洲、北美-南美、非洲-欧洲间国际海底光缆建设，以满足其全球互联网数据中心的互联需求，目前互联网企业参与投资建设或牵头建设的国际海底光缆已达 20 多条。

3. 联合国积极推动亚太信息高速公路建设

联合国亚洲及太平洋经济社会委员会（ESCAP）从多方面入手，通过组织课题研究、推动跨部门合作、探索发展银行贷款项目等措施，积极推进亚太信息高速公路（AP-IS）项目，重点关注跨多国陆地光缆系统的建设。ESCAP 积极与亚洲基础设施投资银行等金融机构进行沟通，探索建立特殊基金，以加快建设亚欧信息高速公路（TASIM）等项目。

1.2.5 信息网络向智能化演进

人工智能向电信网络延伸。电信运营商在提升网络智能化建设方面积极探索和实践包括智能管道、大数据、软件定义网络等在内的高效、智能的分析手段和技术。在网络运维支撑方面，国内外主流电信运营商针对 5G 宏微站、无线覆盖和容量自动调优、故障预测和排查，以及资源智能化编排和管理纷纷开展相关探索，以改变传统人工维护为主的模式，降低运营成本，提升网络运维效率及便捷性，提升业务和资源编排精准性。在网络相关业务拓展方面，电信运营商积极拓展面向垂直行业的服务能力和渠道，如美国电话电报公司（AT&T）、德国电信、沃达丰（Vodafone）等开展了无人机、咨询服务、智慧家庭等业务，助力实现综合信息服务数字化转型。

1.2.6 各国加大支持农村宽带建设

1. 加大农村地区高速宽带网络部署的支持力度

农村宽带网络建设仍是政府关注重点，许多国家都在积极完善和丰富支持手段，加大建设投资支持。欧盟开设宽带地图门户网站以评估互联网项目进展。中国加大对农村地区高速宽带网络部署，截至 2019 年 6 月底，中国行政村通光纤比例达到 98%，北京、天津、上海、江苏、浙江、安徽、山东、河南、广东、重庆、云南等省（直辖市）的行政村通光纤比例达到 100%；英国国家基础设施生产力基金资助推出农村千兆连接全光纤方案，以确保农村在全光纤宽带部署中不会落后；美国联邦通信委员会（FCC）新批准一批电信普遍服务资金，以帮助 10.6 万户农村家庭和小企业加快宽带接入进度，并通过新的宽带成本模型，增加额外补助资金，支持电信运营商将这些用户的最低宽带速度从 10 Mb/s（上行）/ 1 Mb/s（下行）提高到 25 Mb/s（上行）/3 Mb/s（下行）；西班牙部长理事会批准了 1.5 亿欧元的拨款，用于向农村地区扩展光纤到户网络，以帮助在 2021 年之前为所有地区和 95%的人口提供光纤宽带接入。

2. 采取多种技术手段推进农村宽带网络的延伸和覆盖

4G 网络覆盖和光纤到户仍是农村宽带网络建设的重点，互联网企业探索低轨卫星等新技术助力农村宽带网络覆盖，中国电信普遍服务试点支持方向由光纤宽带网络通达转向 4G 宽带网络覆盖；阿根廷在 11 个农村地区颁发 450MHz 许可证，作为提高全国农村地区移动覆盖率计划的一部分；美国太空探索技术公司（SpaceX）卫星互联网项目“星链”首批 60 颗卫星已成功发射。

1.3 应用设施

1.3.1 域名市场与设施建设双增长

1. 新 gTLD 市场规模持续回升，全球域名市场发展增速

截至 2019 年 3 月，全球域名注册市场规模约为 3.61 亿个，较 2018 年 3 月增长 5.5%，较 2018 年年底增长 0.9%。其中，国家和地区代码顶级域（ccTLD）域名注册市场规模约为 1.57 亿个，同比增长 7.2%；通用顶级域（gTLD）域名注册市场规模为 2.05 亿个，同比增长 4.2%。新 gTLD 市场规模延续回升势头，同比增长 15.1%，达到 2 686.9 万个，占全球域名注册市场的 7.4%。2011—2019 年 3 月全球域名注册量及增长情况如图 1-7 所示。

2. 全球根镜像突破千个，域名解析基础设施继续完善

根镜像扩展仍是域名系统性能提升的主流方式，全球根镜像数量继续增长。截至 2019 年 3 月底，全球根服务器及其镜像服务器数量达到 1 120 个，覆盖 140 余个国家和地区，为全球用户提供就近的根解析服务。

随着互联网业务的蓬勃发展，根服务器运行机构大多以设置镜像服务器的方式形成全球分布式架构，以提升根服务器的解析和安全性能。

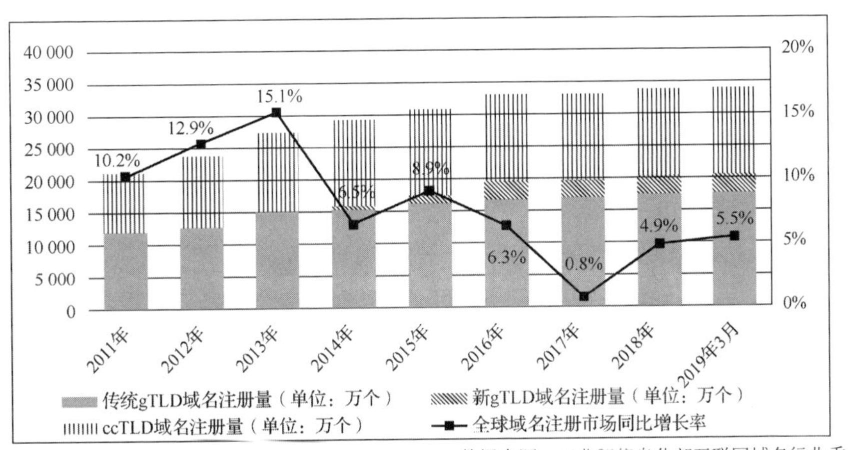

数据来源：工业和信息化部互联网域名行业季报

图 1-7　2011—2019 年 3 月全球域名注册量及增长情况

3. 全球 IPv4 地址分配完毕，IPv6 分配地址数量持续增长

截至 2019 年 6 月，全球已分配的 IPv4 地址约 36.75 亿个，通告率达 77.23%，与 2018 年基本持平。美国拥有约 16.06 亿个 IPv4 地址，占全球已分配 IPv4 地址总量的 43.7%，排名全球第一，中国、日本分别排第二位和第三位。截至 2019 年 6 月，全球已分配的 IPv6 地址总量约为 281 348 块/32（网络号为 32 位），较 2018 年同期增长 16%左右。其中，中国和美国已分配的 IPv6 地址总量排全球前两名。但已分配 IPv6 地址的使用率还有待提升，全球地址通告率仅 17%左右。已分配 IPv6 地址数量居前十位的国家及其通告率情况如图 1-8 所示。

4. 在自治系统号码分布方面美国大幅领先，全球通告率仍待提高

截至 2019 年 6 月底，全球已申请的自治系统（AS）号码总量为 91 419

个，较2018年同期增长4.6%，AS通告率超过7成，和2018年基本持平。美国共拥有AS号码27 091个，占全球的29.63%，位居全球第一，且远超过其他国家，巴西、俄罗斯分别列第二、三位。全球AS号码申请情况如图1-9所示。

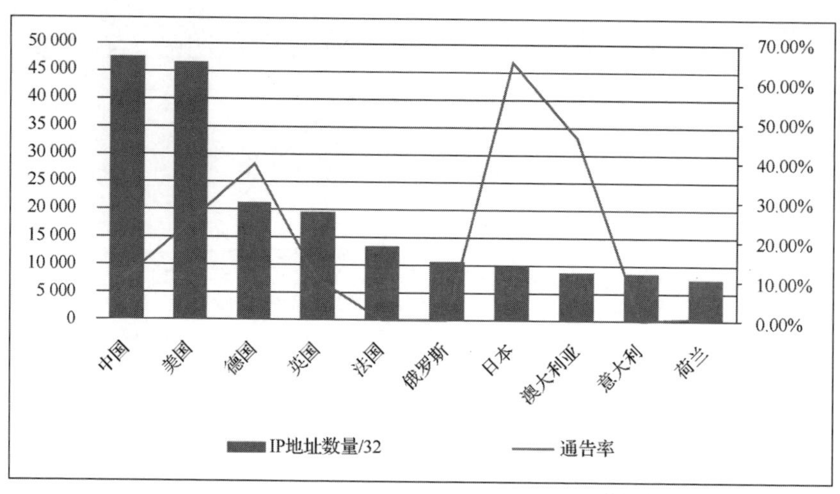

数据来源：resources.potaroo.net

图1-8 已分配IPv6地址数量居前十位的国家及其通告率情况

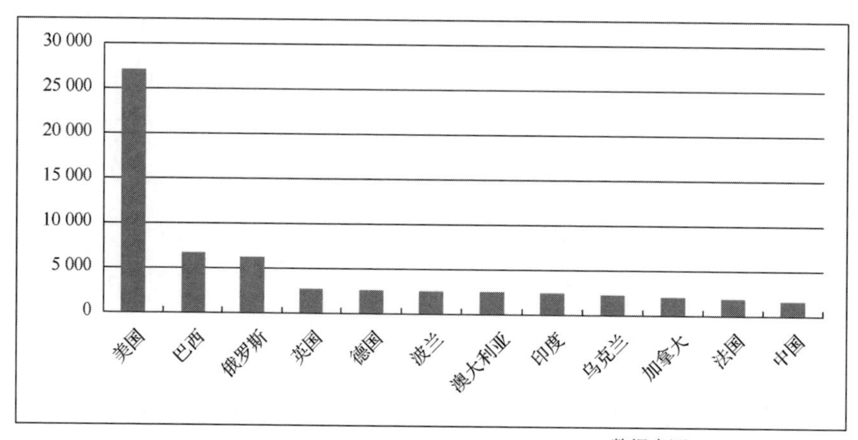

数据来源：resources.potaroo.net

图1-9 全球AS号码申请情况（仅列号码数量排名靠前的国家）

1.3.2　IPv6 商用部署大规模展开

1. 各国积极部署 IPv6，普及率和流量稳步上升

从部署程度看，IPv6 部署和迁移保持较快发展。根据亚太互联网络信息中心（APNIC）统计的数据，截至 2019 年 6 月底，全球 IPv6 部署率达到 22.84%，同比增长 19.39%，较 2013 年增长 10 倍多。其中，北美洲、亚洲、欧洲、大洋洲、南美洲 IPv6 部署率分别达到 31.04%、25.27%、17.69%、17.93%、1.7%；全球超过 170 个国家部署了 IPv6，有 62 个国家的 IPv6 部署率超过 5%，36 个国家的 IPv6 部署率超过 15%，印度、美国和比利时的 IPv6 部署率都超过 50%。从 IPv6 流量看，近一年内 IPv6 流量稳步增长，据阿姆斯特丹交换中心（AMS-IX）的统计，IPv6 峰值流量达到 146.6Gb/s，平均流量达到 116.3Gb/s，同比增长超过 50%。全球 IPv6 部署率变化趋势如图 1-10 所示。

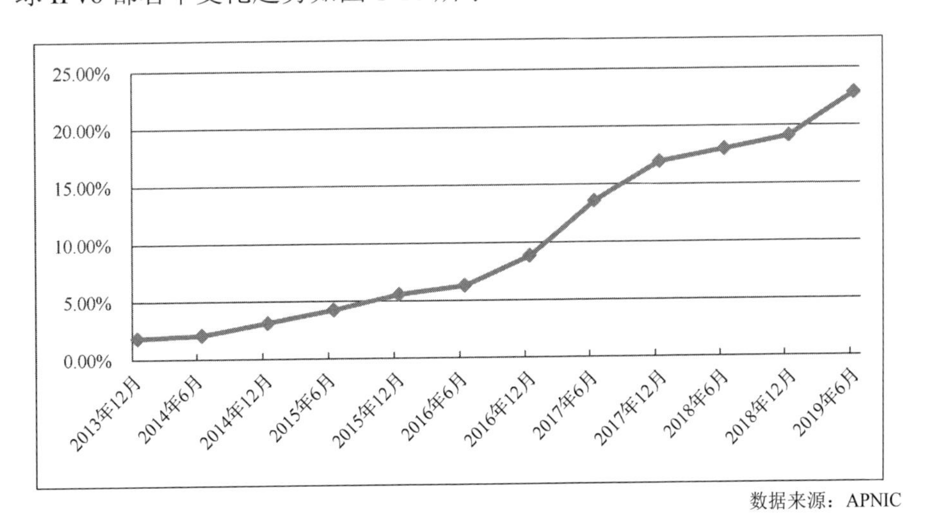

数据来源：APNIC

图 1-10　全球 IPv6 部署率变化趋势

2. 全球前十名电信运营商的 IPv6 商用持续推进，部分企业部署率攀升

根据 World IPv6 Launch 的统计，截至 2019 年 6 月底，全球 BGP 路由库中已有 17 119 个 AS 广播了 IPv6 前缀，占 65 036 个已广播 AS 总数的 26.32%。全球前十名电信运营商的 IPv6 平均部署率达到 68.94%，同比增长 8.33%，美国 T-Mobile 和印度 Reliance Jio 的 IPv6 部署率超过 90%。移动网络是推动 IPv6 部署的主要驱动力，印度 Reliance Jio 和美国 Verizon Wireless 等移动网络 IPv6 流量超过 90%。全球前十名电信运营商的 IPv6 部署率如图 1-11 所示。

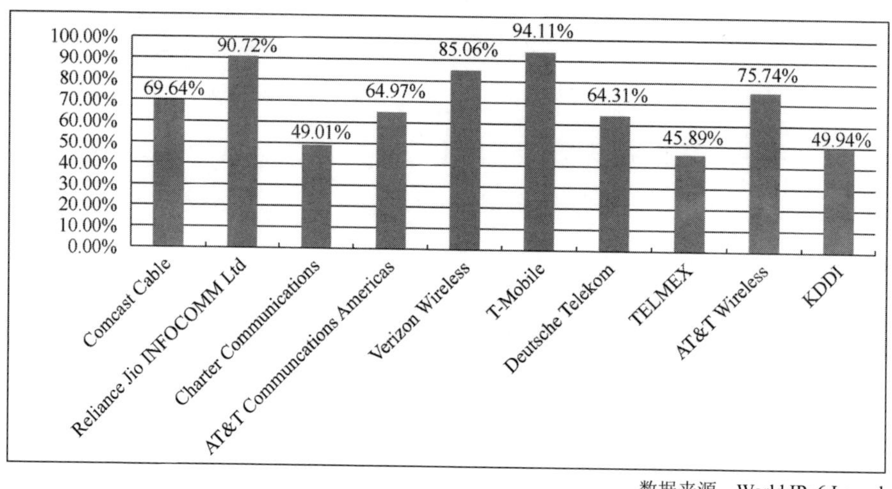

数据来源：World IPv6 Launch

图 1-11 全球前十名电信运营商的 IPv6 部署率

3. 软/硬件对 IPv6 的支持度持续提升，网站信源改造稳步推进

根据全球 IPv6 测试中心测试结果，截至 2019 年 4 月底，88%操作系统都默认安装 IPv6 协议栈，70%支持 DHCPv6，53%支持 ND RNDSS。应用软件的主流产品基本都支持 IPv6，网络设备已基本满足商用部署需

求。根据 IPv6 Ready Logo 统计的数据，截至 2019 年 4 月底，全球已颁发 2 656 个 IPv6 Enabled logo 认证，并呈稳定增长趋势。

1.3.3　全球数据中心加快扩张

1. 大型化、集约化推动全球数据中心的数量减少而体量增大

根据高德纳咨询公司（Gartner）的报告，伴随着大型化、集约化的发展，全球数据中心的数量开始缩减，单机架功率快速提升，机架数量小幅增长。2018 年，全球数据中心的数量缩减至约 43.6 万个，预计 2020 年，将减少至 42.2 万个；从部署机架规模来看，2018 年年底，全球部署机架数达到 489.9 万架；预计 2020 年，机架数将超过 498 万架，服务器超过 6 200 万台。2015—2020 年全球数据中心和机架数量如图 1-12 所示。

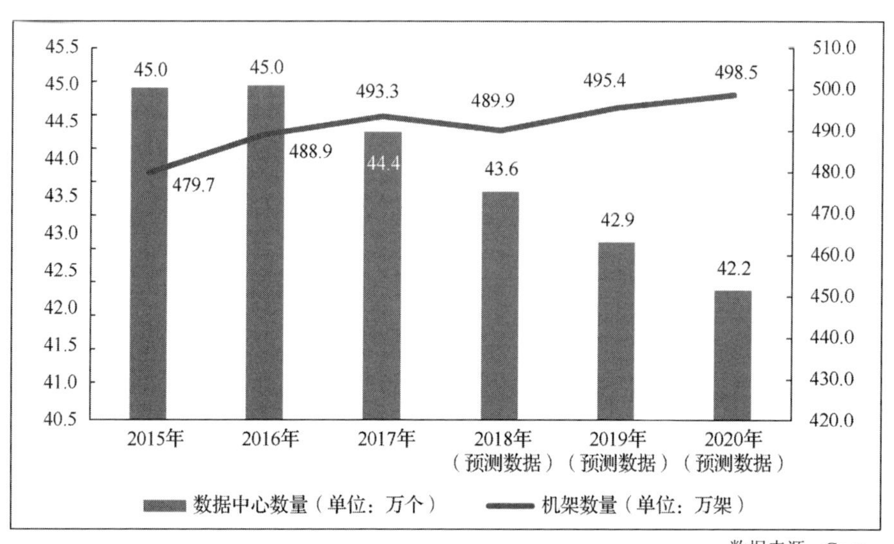

数据来源：Gartner

图 1-12　2015—2020 年全球数据中心和机架数量

2. 美国超大规模数据中心总量优势仍然明显，亚太地区增长较快

根据 Synergy Research Group 的调研，2018 年，全球超大规模数据中心为 430 个，较 2017 年增长 11%。其中，美国超大型数据中心规模连续第三年保持全球第一，但份额从 2016 年的 45%、2017 年的 44%持续下降至 2018 年的 40%。中国、日本、英国、澳大利亚和德国共占 30%的份额。从地域分布来看，亚太和 EMEA 地区需求增长较快，新增的超大规模数据中心数量最多。目前，全球超大规模数据中心的增长势头丝毫未减，至少还有 132 座超大规模数据中心处在建设之中。

3. 全球数据中心整合并购和资源扩张处于活跃期

根据 Synergy Research Group 的调查报告，2018 年，全球数据中心收购交易数量创下历史新高，收购交易数量达 68 宗，交易规模达到 160 亿美元，欧洲成为整合并购的热点区域。此外，通过新建数据中心进行资源扩张的案例也层出不穷，特别是亚太和 EMEA 地区。专业数据中心服务商 Global Switch 和 Equinix 分别在法兰克福和伦敦斥资建设新的数据中心；互联网巨头亚马逊云服务、谷歌和脸书则分别筹划在爱尔兰、丹麦、瑞典、新加坡新建或扩建数据中心，投资额均在 10 亿美元以上。

1.3.4 云计算与边缘计算协同发展

1. 全球云计算巨头正式进军非洲云市场

非洲被视为是云计算发展潜力巨大的 IT 荒原，云计算巨头之间的竞争正蔓延至非洲。微软在 2017 年宣布非洲数据中心建设计划，2019 年 3 月，微软设在约翰内斯堡和开普敦的数据中心正式开放，微软成为第一家依托非洲数据中心提供云服务的云提供商。2018 年 10 月，亚马

逊启动开普敦数据中心建设计划，预计在 2020 年上半年上线。华为也将在南非约翰内斯堡和开普敦分别建立两个数据中心，其中，约翰内斯堡数据中心于 2019 年启动建设，面向南非及周边国家提供更低时延、安全可靠的云服务。

2. 边缘计算成为产业界热点关注领域

全球产业界的关注焦点正从云计算逐步转向边缘计算。在互联网企业方面，微软发布新一代边缘计算工具，将业务重心从 Windows 操作系统转移到智能边缘计算；亚马逊的边缘计算平台 AWS Greengrass 以机器学习推理支持的形式进行了改版；谷歌在召开 I/O 大会时宣布全面转向边缘计算领域；在设备巨头方面，思科、华为、戴尔等企业纷纷布局边缘计算。在电信运营商方面，德国电信计划将边缘计算应用于提高 5G 的网络性能；中国移动开展多接入边缘计算（MEC）的试用，中国电信与 CDN 企业合作进行边缘计算 CDN 的部署；边缘数据中心运营商 EdgeConneX 在亚特兰大、丹佛、迈阿密、波特兰、多伦多、慕尼黑等地开通了边缘数据中心。

1.3.5 全球 CDN 产业稳步发展

1. 全球 CDN 网络流量逐年高速增长，北美地区占据主要市场

据统计，截至 2018 年，全球 CDN 市场规模达到 90 亿美元，其中北美地区长期占全球 CDN 市场较大比重，达到 65%。亚太地区汇聚了众多新兴经济体，市场规模超过欧洲，追赶北美地区。据预测，CDN 网络承载全球流量比例将从 2017 年的 56%升到 2022 年的 72%，全球 CDN 流量的年复合增长率将高达 44%。

2. CDN 龙头企业地位稳固，巨头企业聚焦互联网安全

美国 CDN 企业阿卡迈（Akamai）长期稳居全球 CDN 服务提供商龙头地位，它在 2017 年的营业收入为 25 亿美元，占全球 CDN 市场规模的 33.8%，Amazon CloudFront、EdgeCast、CloudFlare、MaxCDN 等稳居第二梯队。随着 5G 时代的到来，网络边界不断扩张，终端对于计算速率、响应速度的要求越来越高，CDN 与边缘计算和人工智能等技术迭代创新发展成为趋势。与此同时，CDN 以其分布式架构成为天然的网络安全平台，基于 CDN 的边缘云安全服务成为各企业的发展方向。阿卡迈通过收购网络安全公司进军云安全领域，帮助企业提升在云端、网站、移动端 App 的安全性。网速科技在边缘云安全与人工智能结合领域展开布局，推出“网宿网盾”云安全防护体系，基于海量的 CDN 安全节点，通过智能化调度机制，满足不断升级的防护需求。

1.3.6 互联网交换中心高速发展

1. 互联网交换中心发展迅猛，已成为全球关键网络基础设施

互联网交换中心聚合效应显著，全球范围内普及进程明显提速。目前，全球互联网交换中心已经超过 900 个，遍及 119 个国家，并呈现向拉美、非洲以及亚太地区扩张的趋势。全球交换中心及其接入会员数量均保持 20%以上速度扩张。在交换流量方面，部分大型互联网交换中心“流量”的年增长超过 50%，全球已有 14 个交换中心承载流量超过 Tb/s 量级。

2. 互联网交换中心接入主体和业务均呈多样化趋势

目前，国际主流交换中心已经实现由基础运营企业网络接入点 NAP

向汇聚互联网内容提供商、数据中心、内容分发网络、云服务提供商、域名/互联网监测基础设施在内的互联网交换点 IXP 转型。从接入主体来看，交换中心吸引大量网络接入，其中，大型互联网交换中心接入成员近千个。此外，随着交换中心发展的日益成熟，网络汇聚效应逐渐显现，基础流量交换已经不再是交换中心的唯一业务。在良好的互联生态下，交换中心汇聚了众多合作伙伴，共同孕育了涉及云计算、网络安全、IPv6 等方面的创新业务。AMS-IX、Equinix-IX、LINX、DE-CIX 等国际主流交换中心以其网络枢纽的优势成为孕育技术和业务创新的实验环境，开展了云互联、DDoS 攻击防御、IPv4/IPv6 转换服务、混合云等众多增值创新业务。

1.4 新型设施

1.4.1 物联网设施加快部署

1. 物联网技术三足鼎立

（1）NB-IoT/eMTC 成为全球主流运营商最主要的物联网技术选择。依托 4G 网络为中低速率物联网提供的良好网络覆盖支撑，NB-IoT 已在公共网络中占主导地位，eMTC 紧随其后。在 3GPP 的推动下，NB-IoT/eMTC 及其演进技术已纳入 5G 标准家族中，有效地保证了 NB-IoT/eMTC 向未来 5G 网络的平滑升级。

（2）LoRa 成为私有网络部署的典型。根据 LoRa 联盟在 2019 年 6 月发布的数据，LoRa 已在全球 56 个国家拥有 117 家网络运营商，但大部分都不是本地主流运营商，更多是一些城市级专用网络或小范围专用网络。

（3）Sigfox 应用场景受限。由于 Sigfox 超窄带的特点，且得不到主流运营商的支持，无法在公共网络领域形成主导地位。

2. 全球主流运营商加快蜂窝物联网的设施部署

根据 GSA 发布的数据，截至 2019 年 6 月底，全球已部署或启动的蜂窝物联网网络达到 135 个。其中，NB-IoT 网络达 98 个，eMTC（LTE-M）网络达 37 个。沃达丰拥有全球最广泛的 NB-IoT 网络覆盖，目前已在 10 个国家商用开通了网络，并将 NB-IoT 排在资本支出计划的高优先级，计划在 2019 年年底之前，把位于欧洲的 NB-IoT 基站数量增加一倍。中国电信是全球首个建成覆盖最广的商用 NB-IoT 网络的运营商，截至 2019 年 5 月，已建成超过 40 余万个 NB-IoT 基站，实现了中国城乡全覆盖，物联网用户规模超过 8 000 万人。

3. 全球物联网应用场景大范围扩展

根据 Berg Insight 的最新研究，受中国市场的强劲增长推动，2018 年全球蜂窝物联网用户数量增长了 70%，达到 12 亿人，其中中国设备安装量占全球安装量的 63%。物联网应用场景也迎来大范围拓展，在智慧城市、智慧家居、智能工厂、智慧农业、车联网、个人信息化等方面产生大量创新性应用方案，物联网技术和方案在各行业的渗透率不断加速，预计到 2020 年超过 65%的企业和组织将应用物联网产品和方案。

1.4.2 工业互联网平台建设活跃

1. 各国纷纷出台工业互联网支持政策

发展工业互联网日益成为全球各国的普遍共识，越来越多的国家出台政策推动本国的工业互联网发展。德国是最早提出工业互联网的国家之一，2019 年 2 月，德国经济和能源部发布了《国家工业战略 2030》（草案），有针对性地扶持重点工业领域。2019 年 5 月，越南政府与爱立信签署了一系列在越南推广工业 4.0 的战略协议，以加快工业 4.0 的发展。2019 年 6 月，日本发布 2019 版《制造业白皮书》，提出了日本政府推动制造业基础技术发展的措施。英国政府发布了《第四次工业革命的监管》政策白皮书，阐述了在技术快速变革时期英国维持世界领先监管体系、实现第四次工业革命潜力的计划。韩国政府发布了“制造业复兴蓝图”，力促韩国制造业摆脱“数量及追击型”产业模式，将韩国发展为“创新先导型制造业强国”。

2. 全球工业互联网平台保持活跃创新态势

全球工业互联网平台市场持续高速增长，2018 年，全球工业互联网平台市场规模为 32.7 亿美元，相比 2017 年，增长了 27.2%。全球形成了以美国、欧洲、亚太地区为主的工业互联网平台三大聚集区，其中，美国具有显著的市场主导地位，GE、PTC、思科、罗克韦尔、微软等企业持续带动前沿平台技术创新；欧洲作为主要竞争力量，西门子、ABB、SAP 等企业立足制造业优势并持续加大平台投入力度；亚太地区需求强劲，以中国、印度等新兴经济体为代表的亚太地区持续推进平台发展，日本的三菱、日立、东芝、NEC 等企业一直在开展平台探索并取得显著成效，亚太市场增速最快且有望成为最大市场。

近年来，信息通信技术发展迅猛，5G、物联网、IPv6、云计算、大数据、人工智能等技术加速创新突破，与经济社会各领域深度融合，从人人互联到万物互联、从海量数据到人工智能、从生活消费到生产制造，为经济社会发展注入了强大的活力，推动人类社会进入新阶段。新一代信息通信网络技术是新一轮科技革命和产业变革的关键力量，其从单点创新向体系化创新转变，跨界融合与垂直整合成为技术创新和产业发展的主要模式。全球各国将持续加快新一代信息通信技术在信息基础设施中的发展应用，积极推动信息基础设施加速向数字化、网络化和智能化转型，实现协同发展。

第 2 章　世界网络信息技术发展状况

2.1　概述

当前，全球科技创新进入空前密集活跃的时期，以人工智能、量子信息、移动通信、物联网、区块链为代表的新一代信息技术加速突破应用局限，融合机器人、数字化、新材料的先进制造技术正在加速推进制造业向智能化、服务化、绿色化转型，新一轮科技革命和产业变革正在重构全球创新版图、重塑全球经济结构。2019 年，全球网络信息技术持续保持迅猛发展势头，新技术新应用日新月异，新成果新突破不断涌现。

（1）网络信息基础性技术和前沿热点技术加快迭代演进。7nm 制程通用芯片正式商用，跨平台操作系统逐渐成熟，异构融合类脑芯片迎来重大突破，先进计算与人工智能呈现融合发展趋势，开源理念影响力持续扩大。在 5G 推广应用带动下，边缘计算、虚拟现实等技术迎来较快发展。

（2）技术创新与产业发展日益深化融合。网络信息技术发展的重心逐渐调整，呈现出从单点性能提升转移至全产业整合一体化发展的趋势，全套工具和增值服务成为主流信息技术交付产品。

（3）主要国家创新活动更加活跃。网络信息技术是全球研发投入最集中、创新最活跃、应用最广泛、辐射带动作用最大的科学技术创新领域，是推动全球信息化高质量发展的重要动力源。各国加强对网络信息技术特别是前沿技术的规划引导，推动高端创新资源加速集聚，加深新一代网络信息技术与其他技术领域交叉渗透融合，在更深层次、更广领域推动经济社会的数字化、网络化、智能化转型。

2.2 网络信息基础性技术

基础性技术位于网信技术生态体系的底层，发挥着重要的基石性作用。当前，5G、物联网、人工智能等加快突破应用，推动高性能计算、软件技术、集成电路技术等基础性技术通过创新体系结构、推进跨界融合、优化工艺规程等，取得了重大进展，起到全面支撑互联网基本运行和持续发展的作用。

2.2.1 高性能计算技术持续创新发展

1. 高性能计算机国际竞争格局保持相对稳定

高性能计算是新一代信息技术的核心，是支撑综合国力提升的国之重器。伴随着信息技术战略地位愈发凸显，围绕超级计算机研发开展的高性能计算国际竞争愈发激烈。2019 年 6 月，国际超级计算机性能评测组织“TOP 500”如期公布最新一期全球超级计算机 500 强榜单。其中，第 500 位的浮点运算能力达到 1.021 千万亿次/秒，“TOP 500”门槛正式提升至千万亿次，超级计算机的竞争和发展进入新的阶段。在这一最新榜单中，中国超级计算机上榜数量为219台，领先于其他国家和地区；美国的数量是116台，日本29台、法国19台、英国18台、德国14台。相比上一期榜单，超级计算机的数量分布格局保持稳定，美国、中国、欧盟、日本等国家和地区持续保持优势。

从“TOP 500”全榜单的性能来看，美国占据高性能计算机性能的领先优势。美国的整体运算能力达到38.5%，占比达到最大，在前十名中占一半。由美国国际商用机器公司（International Business Machines Corporation，IBM）和英伟达公司（Nvidia）联合研制的“顶点（Summit）”超级计算机继续稳居第一名，浮点运算速度为每秒14.86亿亿次，峰值达到了每秒20.08亿亿次。这也是该计算系统第三次位居“TOP 500”榜单第一名。中国超级计算机的整体运算能力达到29.9%，高性能计算系统数量排名第二。欧洲的超级计算系统数量比2018年增加一台，其中，瑞士的“Piz Daint”和德国的“SuperMUC-NG”分别列第6名和第8名。日本仅有安装在产业技术综合研究所的“人工智能桥接云基础设施”（ABCI），进入前十名，系统性能排名下降一位。2019年6月全球超级计算机十强榜单见表2-1。

表2-1 2019年6月全球超级计算机十强榜单

排名	机构	国家	系统	处理器核数/个	浮点运算速度/（浮点运算次数/s）	峰值运算速度/（峰值运算次数/s）	功耗/kW
1	橡树岭国家实验室	美国	Summit	2 414 592	148 600.00	200 794.90	10 096
2	劳伦斯·利弗莫尔国家实验室	美国	Sierra	1 572 480	94 640.00	125 712.00	7 438
3	国家超级计算无锡中心	中国	神威·太湖之光	10 649 600	93 014.59	125 435.90	15 371
4	国家超级计算广州中心	中国	天河二号A	4 981 760	61 444.50	100 678.70	18 482

续表

排名	机构	国家	系统	处理器核数/个	浮点运算速度/（浮点运算次数/s）	峰值运算速度/（峰值运算次数/s）	功耗/kW
5	得克萨斯高级计算中心	美国	Frontera	448 448	23 516.40	38 745.91	—
6	瑞士国家超级计算中心	瑞士	Piz Daint	387 872	21 230.00	27 154.30	2 384
7	洛斯阿拉莫斯国家实验室、桑迪亚国家实验室	美国	Trinity	979 072	20 158.70	41 461.15	7 578
8	产业技术综合研究所	日本	ABCI	391 680	19 880.00	32 576.63	1 649
9	莱布尼茨计算中心	德国	SuperMUC-NG	305 856	19 476.60	26 873.86	—
10	洛斯阿拉莫斯国家实验室、桑迪亚国家实验室	美国	Lassen	288 288	18 200.00	23 047.20	—

2. 容器技术更广泛支撑先进计算

随着以 Docker、Kubernetes 为代表的容器（Container）技术进一步成熟，容器云对集群中各类硬件资源的封装、管理和调度能力获得极大提升，有效地促进先进计算的安全性、效率性、灵活性，为规模部署打下良好基础。例如，腾讯推出企业级容器云平台 TKE（Tencent Kubernetes Engine），具有统一的集群管理和安全功能，支持在单个集群中部署虚拟机、裸机服务器和图形处理器（GPU）服务器，可以便捷打通云上的容器服务并获得一致的管理体验。2019 年 7 月，腾讯云容器产品被国际权威咨询机构 Forrester 评为“实力竞争者”，正式进入全球容器厂商榜单。

3. 先进计算技术加快向智能计算方向发展

智能计算已经成为先进计算的主要应用场景之一，可以加速传统的科学计算。例如，2019 年 4 月，“事件视界望远镜（Event Horizon Telescope Collaboration，EHT）项目组”拍摄了有史以来第一张黑洞照片，研究团队采用新的机器学习算法帮助创建改进新模型，以提高演算速率，从而促进了关于黑洞的研究[1]。此外，美国“顶点（Summit）”超级计算机的双精度浮点计算性能为每秒 14.86 亿亿次，但对人工智能应用来说，半精度运算在很多场景下即可满足需求，其可在大幅降低数据传输和存储的同时提升运算效率。因此，来自橡树岭国家实验室的研究团队使用名为“HPL-AI”的测试程序达到了每秒 44.5 亿亿次的计算性能，超越了被认为高性能计算机性能标杆的 HPL 性能测试程序。

4. 性能更强的神经形态芯片发布

长期以来，研究人员通过神经形态芯片，模拟人类大脑功能，推动类脑计算的发展。2019 年 9 月，浙江大学发布了脉冲神经网络类脑芯片“达尔文 2”以及针对该芯片的工具链、微操作系统。“达尔文 2”采用 55nm 级工艺，神经突触超过 1 000 万个，可面向智慧物联网应用展现出独到优势[2]。2019 年 8 月，清华大学发布了世界首款异构融合类脑计算芯片“天机芯”，将基于计算机科学和基于神经科学两种方法集成到一个平台，有效推动人工通用智能研究应用[3]。英特尔公司推出类脑芯片系统 Pohoiki Beach，能把处理 AI 算法的速度提升 1 000 倍、效率提升 10 000 倍，可用于自动驾驶、机器人皮肤和假肢等场景中。

2.2.2 软件技术加速向平台化拓展

当前，软件技术加快从单机向网络延伸、由终端向平台拓展，操作

[1] https://edition.cnn.com/2019/09/05/world/black-hole-photo-prize-scn-trnd/index.html
[2] http://news.cctv.com/2019/08/26/ARTIhlnbRuwHuHVUx0kp70QR190826.shtml
[3] https://tech.huanqiu.com/gallery/9CaKrnQhVHr

系统、工业软件的基础性、战略性地位更加牢固，相关创新性研发不断深入；“软件定义一切”成为重要发展方向，相关研究不断部署展开。

1. 操作系统向多元化发展

随着云平台和物联网设备的不断丰富，操作系统的基础性地位更加深化巩固，根据场景需求研发新的操作系统日益迫切，推动操作系统发展呈现多元化重要趋势，终端操作系统、云操作系统、物联网操作系统等研发成果不断涌现。

（1）终端操作系统在移动端和桌面端两个部分均取得新的进展。在移动端操作系统领域，安卓和 IOS 分别列第一名、第二名，其他品牌的生存空间不足 2.5%[1]。一些新的操作系统受到各界关注，例如，谷歌发布的全新操作系统“灯笼海棠（Fuchsia）”，完全脱离 Linux、Java 等运行环境，可作为跨平台系统运行于多种智能终端。俄罗斯发布基于开源操作系统 Sailfish 的操作系统“极光（Aurora）”，主打信息安全，主要应用在俄罗斯的政府和国企部门；印度基于 Linux 开发了移动端操作系统 KaiOS，对硬件需求较低，在网络不发达地区有很大的发展空间。在桌面操作系统领域，Windows 市场占有率达 77.61%，苹果操作系统市场占有率 13.17%，波动不大[2]。总体来看，Linux 各大发行版分别针对各自应用领域有着不同的优化，越来越专注于日常使用的优化，加快面向普通用户发展生态。

（2）云操作系统朝着大规模化、集群化的方向发展。可靠性和稳定性以及安全性是各种云端应用和服务优先考虑的因素。目前，各大云服

---

1 https://gs.statcounter.com/os-market-share/desktop/worldwide

2 https://gs.statcounter.com/os-market-share/desktop/worldwide

务商主要基于云原生基金会（CNCF）下的开源容器编排引擎 Kubernetes 研发了跨平台云操作系统，极大地加快了软件的部署速度，降低了不同环境下的软件部署难度，有望从根本上改变软件行业的运营和维护逻辑。在云平台发展上，无服务架构（Serverless）成为新的发展热点，目前形成 Serverless Framework、ZEIT Now、Apex 等多种优秀框架。

（3）物联网操作系统加快研发部署。物联网、车联网等新兴操作系统吸引大量企业和机构跟进，形成蓬勃发展态势。越来越多的计算任务被部署在终端设备，物联网操作系统成为决定生态的关键。目前，主流的物联网操作系统包括 LiteOS、AliOS Things、Embedded Linux、FreeRTOS、Mbed OS 等。同时，由于物联网操作系统技术门槛较低，以轻量化发展为主，安全问题与生态碎片化问题日益凸显。

2. “软件定义一切（SDX）”方兴未艾

近年来，随着软件定义存储（Software Defined Storage，SDS）、软件定义网络（Software Defined Network，SDN）、软件定义算力（Software Defined Compute，SDC）、软件定义数据中心（Software Defined Data Center, SDDC）等不断整合发展，“软件定义一切（SDX）”逐渐成熟，其核心就在于软件在控制硬件中起主要作用，实现灵活的功能应用，有效提高资源利用率。目前，“软件定义一切（SDX）”在部分领域发展应用比较明显，尤其是大规模云平台的硬件虚拟化技术使软件工作人员不必干预任何硬件行为，为软件的应用开发部署大大提速。

（1）在存储领域，华为 FusionStorage 是业界首个数据中心级融合分布式存储，支持大规模横向扩展，系统可轻松扩展至数千节点及 EB 级容量。IBM Spectrum Storage 产品组合可识别和编制非结构化数据，可横向扩展 400 多个不同存储系统并快速上云。AMD 公司推出的 StoreMI 存储系统，可以在个人计算机上将固态硬盘和机械硬盘统一为单块虚拟硬盘。

（2）在交通领域，中国浩鲸科技有限公司于 2019 年 7 月发布首款软件定义交通信号系统，由路侧单元（Road Side Unit，RSU）与中心信控软件平台（Signal Center，SC）组成，采用软件定义理念实现控制与执行的分离，未来将为无人驾驶汽车的落地提供基础设施保障。

（3）在航空航天领域，具有更高自由度的“软件定义卫星”概念应运而生。与传统在发射前专门设计执行指定任务的卫星不同，软件定义卫星可以根据不同需要执行不同任务。中国在 2018 年年底发射了世界上第一颗由软件定义的卫星“天智一号”。美国航空航天制造厂商洛克希德-马丁也在 2019 年 3 月推出了软件定义卫星[1]。

3. 工业软件竞争势头日益呈现

作为智能制造的重要基础和核心支撑，工业软件对于推动制造业转型升级、实现高质量发展具有重要战略意义。其中，比较重要的工业软件有电子设计自动化、计算机辅助软件等。

（1）电子设计自动化（EDA）领域由少数企业占据主导地位。楷登（Cadence）、明导（Mentor）、新思（Synopsys）三家占了绝大多数市场份额。其中，楷登在 2019 年 6 月推出新的数字信号处理器内核 Tensilica Vision Q7，每秒执行操作高达 1.82 万亿次，可用于高要求的视觉和人工智能处理应用，有助于边缘计算实际项目落地。明导于 2019 年 3 月提出 EDA 4.0 的概念，借助集成电路到系统的完整工具来实现人工智能加速和技术创新。新思在 2019 年 7 月发布了面向更先进工艺的良率学习平台，为后续 5nm、4nm、3nm 级工艺和量产良率打下基础。总体来看，全世

---

[1] 数据来源：洛克希德-马丁官网，见 https://news.lockheedmartin.com/。

界三大EDA软件公司在一段时间内将继保持垄断地位，其高昂的版权许可证（License）授权费也成为制约芯片初创企业前期发展的瓶颈。

（2）开源电子设计自动化EDA领域酝酿着变革。目前，加州大学伯克利分校（UCBerkeley）基于RISC-V开源指令集推出的Chisel工具发展迅速，有望打破商业EDA的垄断局面。来自中国的开源免费软件EasyEDA正在迅速获得关注，该软件既有桌面版还有可协同办公的云端版。其他开源EDA软件还包括KiCad、gEDA、Magic、QElectroTech等。

（3）计算机辅助软件轻量化和工业设计流程整合是当前重要发展趋势，各领域新成果比较可观。欧特克（AutoDesk）利用Fusion 360工具将所有产品进行整合，打造全流程的工业设计流水线。例如，Revit+AutoCAD可同时绘制二维和三维模型，Maya + Arnold实现渲染动画和视效制作，等等。西门子旗下专业工业设计软件UGNX增强了设计、仿真、制造一体化能力，并支持远程协同工作。美国老牌仿真设计公司ANSYS与法国AVSimulation公司合作，发布了沉浸式自动驾驶模拟软件，推进无人驾驶技术快速落地。此前，法国达索公司的CATIA xDesign软件发布了在线轻量化版本，标志着传统专业设计软件开始部署到云端；达索的SolidWorks 2019中则引进了AR和VR设计功能。奥多比（Adobe）公司推出了完全由人工智能技术推动的一系列产品，如Adobe Sensei可实现动态抠除视频人像以及将静态图片转换为小视频，Project Kazoo可将哼唱的旋律智能转换为乐器演奏。作为目前游戏开发市场上最流行的游戏引擎，Unity和Unreal Engine 4分别发布了支持虚拟现实、混合现实开发的引擎工具，支持AR/VR游戏快速发展。

2.2.3 集成电路技术整体稳步发展

集成电路制造是网络信息技术的核心组成部分，具有很强的战略性、基础性、先导性作用，涉及设计、制造、封测、装备、零部件、材料等诸多环节。2019 年，基础芯片、先进工艺、开源硬件等方面取得显著进展，为网络信息技术发展注入新的活力。

1. 基础芯片新架构新工艺不断涌现

芯片被誉为“计算机的心脏”“现代信息技术的灵魂”。随着集成电路逐步接近物理极限，芯片密度、制程发展已经慢于摩尔定律早先的预测，而新的架构、工艺不断创新使芯片性能依旧保持快速提升的态势。

1）大企业主导计算芯片研发，形成市场垄断格局

计算芯片主要包括中央处理器（CPU）、图形处理器（GPU）、数字信号处理器（DSP）等。

（1）在 CPU 芯片方面，2018 年全球市场规模为 541.5 亿美元，同比增长 12.6%[1]。在通用 CPU 市场，由英特尔和 AMD 两家公司的 X86 处理器占 96%的市场份额。英特尔最新量产的 i9 系列处理器为 14nm 级工艺。此外，AMD 公司正通过 7nm 制程的 ZEN2 架构处理器在性能功耗方面追赶英特尔。

（2）在 GPU 芯片方面，越来越多应用于深度学习算法的大规模并行计算加速应用，英伟达、AMD、英特尔等公司持续占据全球市场主导地位。随着谷歌 TPU 等专用人工智能芯片的出现，未来，GPU 在人工智能领域的份额或将继续下降。

（3）在 DSP 芯片方面，2018 年全球市场规模为 14.5 亿美元，同比微跌 0.1%；德州仪器（41.7%）、恩智浦（22.6%）和亚德诺（ADI，21.6%）

[1] 高德纳（Gartner）统计报告：《Marker Share: Semiconductors by End Market,Worldwide,2018》

三家企业占据主导地位[1]。

2）存储芯片领域发展势头有所下降，新成果加快应用

DRAM 与 NAND Flash 是存储芯片产业的主要构成部分，占整个存储器产业市场规模的 97%。2018 年 DRAM、NAND 规模与产品价格呈现“双下降”趋势，前五大存储芯片企业三星、海力士、美光、东芝、西部数据垄断总市场份额的 92%[2]。在 DRAM 方面，三星于 2019 年开始量产基于 EUV（极紫外光刻）技术的 10nm 制程 LPDDR5 芯片。NAND 工艺 1Ynm 成熟量产，目前正验证下一代 1Znm; 预计工艺制程进入 14nm 以后，3D NAND 技术将成为新的发展方向。

3）通信芯片迎来 5G 时代新机遇

随着 5G 时代到来，移动互联网、物联网的发展对网络覆盖范围、连接数量、传输速度以及传输延时等都提出更高要求，通信芯片性能提升提上日程。目前，基带芯片主流为多模多频基带芯片技术，将基带芯片和计算芯片集成为一个 SoC 芯片的方案成为目前重要的发展趋势。当前，5G 基带芯片主要有四家，分别为高通 X50、华为巴龙 5000、联发科 M70、紫光展锐春藤 510。射频芯片呈现以下发展趋势。

（1）化合物半导体将在射频器件中得到广泛应用。5G 时代，基站将主要采用能处理 50GHz 以上超高频毫米波并支持高带宽的 GaN 功率放大器，手机则主要采用 GaAs 功率放大器。

（2）体声波（BAW）滤波器凭借 30～60GHz 频段性能优势，将逐渐取代声表面波（SAW）滤波器。

---

[1] 高德纳（Gartner）统计报告：《Marker Share: Semiconductors by End Market,Worldwide,2018》

[2] 高德纳（Gartner）统计报告：《Marker Share: Semiconductors by End Market,Worldwide,2018》

（3）射频芯片集成化发展，为满足小型化、轻薄化发展要求，未来的射频芯片将会集成 PA、LNA、开关、双工器等。

2. 先进工艺逐渐逼近物理极限

新工艺新技术不断提升，使得硬件性能始终保持高速增长。目前全球最先进的量产工艺已经推进到 7nm，5nm 级工艺产业化已取得重大突破，并有望继续推进至 3nm 级工艺。随着工艺制程的缩小，先进制造生产线资金投入大幅攀升，部分先进工艺制造企业相继退出竞争。随着全球第二大代工企业格罗方德（Global Foundries）宣布中止 7nm FinFET 先进工艺制程研究、第三大代工企业联华电子宣布放弃 12nm 以下工艺研发，未来先进工艺领域的竞争将主要在台积电、三星、英特尔之间展开。

光刻机是芯片制造的关键设备，决定着整个集成电路工艺的特征尺寸，目前量产的 7nm 芯片主要采用了极紫外（EUV）光刻技术。刻蚀设备近年来稳步发展，研发了可将精度控制到 0.4nm 的原子层刻蚀技术，拉姆研究、东京电子、应用材料三家公司约占全球刻蚀设备市场 90%的份额。薄膜沉积设备价值占整体制造设备的 22%左右，目前，美国、欧洲和日本处于领先地位，主要生产商包括美国应用材料公司、美国泛林半导体、日本东京电子以及荷兰的阿斯麦（ASML）[1]。

3. 开源硬件注入芯片领域新的发展活力

开源硬件可为更多主体参与硬件开发降低门槛，提供极大的开发便利。当前，比较受关注的开源硬件集中于 RISC-V、单字长定点指令平均执行速度（MIPS）等领域。 RISC-V 指令集在 RISC-V 开源基金会推动

[1] 高德纳（Gartner）统计报告：《Market Share: Semiconductor Wafer Fab Equipment, Worldwide, 2018》

下迅速发展，在控制领域与 IoT 场景涌现出越来越多基于 RISC-V 的产品和应用案例，越来越多的开源社区及企业发力 RISC-V 的适配与优化工作，在 RISC-V 的前沿研究方面不断深入并培养了一批熟悉 RISC-V 架构的技术人才。MIPS 指令集是最早实现商用的精简指令集（RISC）之一，一度曾与 X86 和 ARM 指令集齐名。随着移动互联网的兴起，MIPS 指令集逐渐衰落。2018 年 12 月 17 日，收购 MIPS 的 Wave Computing 公司宣布开源最新的 MIPS Release 6（R6）版本指令集。另外，IBM 于 2019 年 9 月开源了旗下的 Power 架构，进一步拓展了开源硬件在高性能计算领域的应用范围。随着开源硬件生态的丰富完善，原有国际巨头企业的垄断格局逐步呈现被打破的趋势。

2.3 前沿热点技术

前沿性技术在很大程度上代表了科技领域的先发优势和主导地位，网络信息领域技术创新成为抢占竞争优势的关键。各国在前沿性、颠覆性技术创新方面加大规划和扶持，投入大量资源，不断取得新的突破，带动整体技术生态更新迭代。

2.3.1 人工智能技术蓬勃发展

人工智能（Artificial Intelligence，AI）是引领这一轮科技革命和产业变革的战略性技术，具有溢出带动性很强的“头雁”效应。新一代人工智能正在全球范围蓬勃发展，推动世界从互联信息时代进入智能信息时代。随着新的算法和数据结构的实现，AI 技术前沿正在迅速革新。各国企业在AI技术的芯片、算法、软件等基础框架层面持续发力，力争成为AI领域引领者。

1. 人工智能芯片趋向通用类型芯片研发

信息领域领军企业密集发布通用型人工智能芯片和计算平台，为实现AI算法的加速计算和应用落地提供可能。亚马逊（Amazon）于2018年11月发布专为机器学习推理设计的新型处理器芯片Inferentia，支持TensorFlow、Apache MXNet和PyTorch深度学习框架以及使用开放神经网络交换（ONNX）格式的模型，能够以极低成本提供高吞吐量和低延迟的推理性，允许复杂模型进行快速预测。英特尔（Intel）于2019年1月发布Nervana系列神经网络处理器的最新型号NNP-1，适用于企业级高负载推理任务的加速。脸书（Facebook）于3月发布并开源三款AI硬件，分别是用于AI模型培训的“下一代”硬件平台Zion、针对AI推理优化的定制专用集成电路Kings Canyon以及视频转码Mount Shasta。高通（Qualcomm）于2019年4月发布专用AI加速器Cloud AI 100，能够让已经训练过的系统对新数据进行预测推理，可用于识别未参与训练过程的全新数据对象。

同时，在专用AI芯片方面，特斯拉（Tesla）发布了面向自动驾驶特殊场景的自研芯片“Autopilot 3.0”，针对大量图像和视频处理任务做了性能优化，可同时处理8个摄像头工作所生产的每秒2 100帧的图像输入，实现每秒25亿个像素处理，性能为前一版本的21倍。

2. 人工智能算法出现重大突破性成果

AI算法持续从效率、准确率角度出发，对已有算法进行持续优化改进；同时，一些新领域新算法成果不断出现。

（1）自然语言处理（NLP）领域取得重大突破。谷歌（Google）发布的 BERT 模型被誉为里程碑式的进步。与之前的语言表征模型不同，BERT 旨在基于所有层的左、右语境来预训练深度双向表征，可以仅用一个额外的输出层进行微调，进而为问答、语言推断等多种任务创建当前最优模型，且无须对任务特定架构做出大量修改。BERT 的出现刷新了多个 NLP 任务的最优指标，为 NLP 领域的发展提供了新的方向。

（2）3D 形状补全取得新成果。麻省理工学院（MIT）提出了 ShapeHD，通过将深度生成模型与对抗学习的形状先验特征相结合，超越现有单视图形状补全和重建技术的极限。实验证明，ShapeHD 在多个真实数据集的形状补全和形状重建两方面都成为目前最高水平。3D 形状补全的进步，将推进 VR、AR、机器人等众多 AI 相关领域的进展。

（3）6D 姿态估计对许多重要的现实应用形成关键作用。例如，机器人抓取与操控、自动导航、增强现实等。斯坦福大学研究团队提出一种端到端的深度学习方法，在每个像素级别嵌入、融合 RGB 值和点云，使得模型能够推理出局部外观和几何信息，可对 RGB-D 输入的已知物体进行 6D 姿态估计，有助于解决重度遮挡情况。

3. 人工智能软件向深度神经学习框架发展

谷歌和亚马逊等公司开源了多种机器学习平台和框架，既有对原有框架的升级，也有针对特定平台而研发的框架，还有针对新兴图神经网络搭建的友好框架。

（1）深度学习在移动端的研究和应用越来越多。由于智能手机等移动设备的普及，AI 技术在移动端上的应用能让更多用户切身体会到 AI 给传统工作与日常生活带来的帮助，成为 AI 产品落地的重要方向。受制于计算能力，深度学习尚不能很好地支持移动端主流框架搭建的网络结构和运算量，目前，针对这一问题的一系列解决方案相继投入应用。2018 年 10 月，Facebook 开源高性能内核库 QNNPACK，通过加快深度类型卷积等计算的效率，促进了神经网络架构的使用，现已经被整合到 Facebook 应用，部署至数十亿台设备中。深度学习在计算机视觉和计算机图形学方面已经取得很大的进步。2019 年 3 月，谷歌发布 TensorFlow 2.0 Alpha 版，将 Eager execution 作为默认优先模式，实现任何运算在调用后可立即运行。2019 年 5 月，谷歌推出 TensorFlow Graphics，结合计算机图形系统和计算机视觉系统，可利用大量无标注数据，解决复杂 3D 视觉任务的数据标注难题，助力自监督训练。

（2）直接关注 NLP 或序列建模的框架开始出现，总量还很少。2019 年 2 月，谷歌开源了序列建模框架 Lingvo。Lingvo 是由 TensorFlow 开发的通用深度学习框架，重点关注包括机器翻译、语音识别和语音合成等自然语言处理相关的序列建模方法，通过在不同任务之间共享公共层，有效提升了代码的复用程度。随着 NLP 技术的逐渐成熟和 AI 研究领域的逐渐细化，专注于 NLP、CV 等各个领域问题的框架可能会出现更多的需求。

（3）对于图神经网络（Graph Neural Network）的研究热潮使得神经网络的应用领域大大增加。社交网络、知识图谱、生命工程等众多学科问题都适合用图神经网络来对节点关系进行建模，因而需要便于实现图神经网络模型构建的框架。为设计出“既快又好”的深度神经网络，纽约大学（NYU）和亚马逊（AWS）联合研发了一款面向图神经网络以及图机器学习的全新框架 Deep Graph Library（DGL）。DGL 可以和目前的主流深度学习框架（PyTorch、MXNet、TensorFlow 等）无缝衔接，从而实现从传统 tensor 运算到图运算的自由转换。这一框架的出现大大方便了图神经网络的研究，让研究者无须学习新的开发框架，可以更加专注于模型和算法的研究。

4. 基础应用技术落地产品逐步丰硕

（1）模式识别在多领域投入使用，有效便利各领域服务效能。2019 年 3 月，谷歌发布移动端全神经语音识别器，以字符级运行，可以实现实时语音文字输入，离线状态时依然可用。在智能医疗领域，谷歌、微软、亚马逊等公司率先布局，陆续推出成果。例如，微软聊天机器人项目 Healthcare Bot 采用自然语言处理技术，能够处理主题更改、人为错误和复杂医学问题，支持开发者定制和扩展功能，可给医疗机构提供医疗虚拟助手和咨询服务。

（2）自动工程领域涌现新的技术思路，神经网络生成有望实现自动化。深度神经网络的复杂度限制了其在移动端等计算资源受限设备中的使用。针对这一问题，滑铁卢大学 AI 研究所和 DarwinAI 公司提出生成合成（Generative Synthesis）新思路，利用生成机器来自动生成具备高效网络架构的深度神经网络（FermiNets）。通过在图像分类、语义分割和目标检测任务的实验说明，生成合成可以实现模型效率更高、计算成本更低、能效更高的目标。未来，生成合成有望发展成为通用方法，加速推进深度神经网络在设备端边缘场景中的构建。

（3）知识工程存储性能得到极大提升，更大规模的知识图谱构建成为可能。2019 年 5 月，亿贝（eBay）开源分布式知识图谱存储 Beam。Beam 是一种知识图谱存储，采取分布式存储方式，支持类 SPARQL 查询，可支持无法被单一服务器有效存储的大规模图，通常可支持每秒数万次数据更改。

2.3.2 边缘计算加快落地实施

得益于人工智能与5G技术的推动，边缘计算在2019年迅速升温，受到众多科技峰会、智库机构、前沿科技企业和学者专家的高度关注。据国际数据公司（IDC）数据，到2020年，将有超过500亿个的终端与设备联网；未来，超过50%的数据需要在网络边缘侧分析、处理与存储。

1. 边缘计算产业生态构建逐步完善

2017年4月，Linux基金会创立了EdgeX Foundry社区，旨在创造一个互操作性强、即插即用和模块化的开源物联网边缘计算生态系统，供开发者根据自己的服务需求快速进行重构和部署。2018年11月，领先的关键基础设施物联网软件提供商风河公司（Wind River）与新一代网络卓越中心（CENGN）联合创建公共软件仓储库，提供StarlingX主机资源，帮助开发人员建构云基础设施，面向工业物联网和电信领域优化高性能、低延迟应用。边缘计算产业联盟（Edge Computing Consortium，ECC）于2018年12月发布了《边缘计算白皮书3.0》，提出新的边缘框架3.0，包括实时计算系统、轻量计算系统、智能网关系统和智能分布式系统4种开发框架，覆盖了从终端节点到云计算中心链路的服务开发。2019年1月，欧洲边缘计算产业联盟（Edge Computing Consortium Europe，ECCE）成立，旨在为智能制造、物联网等领域的厂商与组织提供全方位的边缘计算产业合作平台，工作目标包括边缘计算参考架构模型、边缘计算全栈技术实现、识别产业发展短板、评估最佳实践等。

2. 领先企业纷纷推出边缘计算平台

亚马逊、微软和谷歌在内的一些科技巨头积极探索“边缘计算”技术，亚马逊早在 2017 年就携手 AWS Greengrass 率先进军边缘计算领域。微软发布了 Azure IoT Edge 解决方案，将云分析扩展到边缘设备，可支持离线使用。谷歌发布了两款新产品——硬件芯片 Edge TPU 和软件堆栈 Cloud IoT Edge，旨在帮助企业改善边缘联网设备的开发。随着联网设备越来越多地涌现，英伟达、惠普、华为、阿里巴巴、百度、紫光展锐、富士通、诺基亚、英特尔、IBM、思科等都已进行了技术布局。例如，英伟达在 2019 年 5 月推出 EGX 加速边缘计算平台，旨在帮助企业在边缘实现低延迟的人工智能，可基于 5G 基站、仓库、零售商店、工厂及其他地点之间的连续数据流实现实时感知、理解和执行。阿里云发布了 IoT 边缘计算产品 Link Edge，实现云边端一体化发展[1]。百度云发布了智能边缘计算产品 BIE 和智能边缘计算开源版本 OpenEdge，向边云融合、时空洞察和数据智能等 3 个方向发展[2]。2019 年 7 月，华为云开源的智能边缘项目 KubeEdge 荣获尖峰开源技术创新奖，这也是 CNCF 在智能边缘领域的首个正式项目[3]。

3. 安全和隐私设计成为边缘计算前沿研究之一

作为万物互联时代新型的计算模型，边缘计算具有分布式、“数据第一入口”、计算和存储资源相对有限等特性，这也使其除了面临信息系统普遍存在的网络攻击，还面临一些新的安全威胁，如智能制造工厂中通信数据包遭篡改，进而延迟控制阀门造成设备损坏；再如，无人机被模拟信号误导而降落到控制区域之外。2019 年，一系列围绕边缘计算安全的软件和硬件发布。例如，英特尔加入保密计算联盟，将英特尔软件保

[1] 2018 云栖大会·深圳峰会，2018 年 9 月 25 日—9 月 27 日。

[2] 资料来源：《三大亮点抢鲜看！2019 百度云智峰会聚焦“AI 工业化”》，《中国日报网》，2019 年 8 月 19 日。

[3] 资料来源：《直击鲲鹏计算产业论坛：华为云发布最新进展！》，《中国日报网》，2019 年 7 月 24 日。

护扩展（英特尔 SGX）开源，进一步加速保密计算发展。同时，美国AMD 半导体公司发布的第二代 EPYC 处理器采用 7nm 级工艺生产，基于全新的 Zen 2 架构，从硬件层面提供了可靠的安全性能。英国 ARM 公司及其独立安全测试实验室合作伙伴推出 PSA Certified，为行业提供标准化安全物联网设备设计的框架。

2.3.3 大数据技术持续深化拓展

近年来，全球数据规模提升到千万亿字节量级乃至百亿亿字节量级，数据总量每年增长 50%以上。全球已步入大数据时代，世界各国政府和国际组织纷纷制定相关政策，积极推动大数据相关技术的研发与落实。

1. 云计算技术助力大数据基础设施建设

大数据与云计算密不可分，挖掘海量数据必须依托强大的云计算技术。在谷歌、亚马逊、微软等互联网企业引领下，发展基于云计算基础架构平台的大数据应用成为通行模式。2019 年 8 月，谷歌与威睿（VMware）合作推出 CloudSimple 的解决方案，为客户提供无缝运维安全的跨越混合云环境。同时，在全球公有云市场占据领先地位的云计算巨头亚马逊推出大量新的机器学习服务，包括开发人员的 AI 服务、Amazon SageMaker 的模型和算法、自动数据标签和强化学习服务、TensorFlow 的 AWS 优化版本和其他熟悉的机器学习库等。微软收购开源云计算平台 jClarity，为微软 Azure 云服务助力。

2. 大数据分析技术正在深入云原生环境

大数据分析在过去十年一直是一个重要技术趋势，也是 IT 市场中最具活力和创新力的领域之一。近来，领域内多项公司收购及合并事件表明，Hadoop 和 Spark 在大数据分析领域发挥的作用正在逐渐消失，深入云原生环境的大数据分析生态系统正在构建。2018 年 11 月，美国存储服务提供商拓蓝（Talend）收购自助式云数据集成服务提供商 Stitch，借助更简单的工具加载数据到云数据仓库。2019 年，知名大数据软件企业 Cloudera 和 Hortonworks 合并，另一大数据独角兽 MapR 被 HPE 公司收购，标志着大数据商业软件时代的结束。与此同时，云原生大数据架构获得大的发展，开源软件 Kubernetes 作为云和本地数据中心之间轻松迁移应用的容器，成为新一代云原生大数据的基础。Spark、TensorFlow、流媒体、分布式对象存储和块存储细分领域中类似的容器化项目的实施，使得整个大数据堆栈在基于 Kubernetes 的 DevOps 环境中实现更灵活的部署和管理。

3. 大数据可视化向着交互式方向发展

大数据可视化与可视分析能够迅速而有效地简化和提炼数据流，帮助用户更快更好地交互筛选大量的数据。数据可视化工具必须具有实时更新、操作简单、多维度展现并支持多种数据源等特性。目前来看，主要相关工具如下：Tableau 软件提供的控制台灵活、动态性高，能够监测信息并提供完整的分析功能；QlikView 软件是 Tableau 的竞争对手，能使各种终端用户以一个高度可视化、功能强大和创造性的方式，互动分析重要业务信息；微软 Power BI 可连接数百个数据源，简化数据准备工作并提供专门分析，可在企业内实现扩展、内置管理和安全功能。

当前，大数据可视化的创新方向是将机器学习嵌入业务分析中，领域内兼并整合频繁发生。例如，谷歌公司收购商业智能软件和大数据分析平台 Looker 公司，美国客户关系管理软件服务提供商 Salesforce 公司兼并 Tableau 公司，提供自助数据分析软件服务的 Alteryx 公司收购大数据处理服务公司 ClearStory Data 公司，等等。

2.3.4 虚拟现实迎来发展的新起点

在经过行业的萌芽期、膨胀期和冷静期之后，虚拟现实技术和产业生态不断完善，颠覆性作用正崭露头角，“2019 新起点”成为虚拟现实行业的频度热词。

1. 虚拟现实呈现出新的表现形态和特点

虚拟现实具备强沉浸性（Immersion）、强交互性（Interaction）、强构想性（Imagination）及智能性（Intelligence）特点。随着网络信息细分领域的发展，虚拟现实与其他研究领域日益交叉融合，呈现出新的表现形态和特点。“视”“听”“触”等多感官输出是虚拟现实作用于用户的体现。目前，虚拟现实部分技术发展处于多通道交互沉浸感进阶提升期，目前可以达到的主流技术指标如下：1.5～2K 单眼分辨率、100°～200° 视场角、百兆码率、20 毫秒 MTP 时延、4K/90 帧率渲染处理能力、由内向外的追踪定位与沉浸声等[1]。

（1）变焦显示成为当前技术热点，显示计算化初现端倪。随着 Oculus 研发出采用可变焦显示技术的原型机 Half Dome，化解了辐辏调节冲突，眩晕感问题基本得到解决。针对更优的虚拟现实进阶体验，近眼显示不仅呈现内容，还可感知用户状态；基于显示器内计算这一全新技术，近眼显示具备极大的发展潜力。英伟达等研发了显示器内计算的原型机[2]。

---

[1] 陈曦：《虚拟现实发展呈现新态势》，中国信息产业网，人民邮电报，2019 年 1 月 24 日。

[2] 陈曦：《虚拟现实发展呈现新态势》，中国信息产业网，人民邮电报，2019 年 1 月 24 日。

（2）注视点渲染、深度学习渲染等快速升温，端云协同、软硬耦合的精细化渲染成为发展趋势。渲染处理领域的主要矛盾表现为用户更高的体验需求与渲染能力的不足。更优的影像级画质、视觉保真度、渲染效率与功耗开销成为该领域的技术动因。目前，业界主要聚焦面向虚拟现实的注视点渲染、深度学习渲染与混合渲染等领域，旨在探索软硬耦合的精细化渲染之路。

2. 虚拟现实技术体系逐步健全

经过长期探索，虚拟现实理论和技术问题得到了不同程度的解决和突破，虚拟现实技术理论和技术体系逐步健全。例如，在获取与建模技术方面，根据产业应用痛点，明确了物体数字化模型构建的精细化、便捷化、自动化、智能化和高效化等研究方向。在多源数据分析利用技术方面，对数字化内容进行语义计算和高效重用成为当前难题。交换与分发技术主要核心是开放的内容交换和版权管理技术，数字图像与视频的鉴伪技术也成为研究的热点。在展示与交互技术方面，基于计算机显示屏的立体显示设备、头盔显示器、多方位虚像悬浮显示设备、真三维显示设备等是目前的研究方向。多通道交互方式是以用户为中心，采用视觉、语音、姿势、表情等多通道，实现自然的、智能的、高效的人机交互仍是研究中的难点。技术标准和评价体系日渐完善，涵盖音/视频信源标准、内容编码标准和三维互联网标准，运动图像专家组织和国际电信联盟在数字音视频编解码标准化方面做出了很大贡献。

同时，也要看到，虚拟现实还需解决一系列挑战问题，如头戴显示的输入与交互、空间计算与虚实融合及其室外化、虚拟现实视频的采集制作与交互式播放、基于移动终端和互联网的虚拟现实、物理特征的更多表现与新型物理模型、力交互的柔韧感与新型自然交互，等等。

3. 虚拟现实技术发展前景乐观

作为一项具有颠覆性意义的技术，虚拟现实有着良好的发展前景，未来将突破目前以 2D 为主的显示，实现 3D 以及未来的真三维显示；实现全景显示和交互体验，实现手眼协调的人机自然交互；将突破时空界限，构建任意时空物理世界事物的虚拟孪生，实现数字平行世界；将支撑各行业推出全新的实验与验证平台；将取代现有互联网邮件系统为主的通信交互方式，成为互联网的新入口和人际交互新环境。可以预计，未来在混合现实（MR）/增强现实（AR）/虚拟现实（VR）领域，通过 VR 技术与机电一体化、机器人学、人工智能、计算机视觉和控制工程的有机融合，虚拟现实领域将涌现一系列新应用新业态新成果。

2.3.5 量子信息创新成果不断涌现

1. 量子通信技术不断发展成熟

量子器件性能不断得到优化、各项技术指标均大幅提升，以稀土掺杂光学晶体方案实现的量子存储单元为例，其相干时间长达 1.3s[1]、保真度高达 99%、存储效率已被提高到 68%[2]；量子通信理论与实验在面向解决复杂信道问题中稳步前进，诱骗态、测量器件无关等协议在非对称信道下的安全通信距离得到进一步提高；双场量子密钥分发（TF-QKD）理论被提出，无需量子中继器即可实现长距离、高密钥生成率通信，并被相关实验验证。

---

[1] 数据来源：期刊 *Nature Pyhsics*，2018 年第 14 卷第 1 期。

[2] 数据来源：期刊 *Nature communications*，2018 年第 9 卷第 1 期。

2. 量子计算整体化架构研发进展明显

（1）超导和离子阱系统逐渐成为实现大规模普适量子计算的理想的硬件物理平台。加拿大D-wave公司预展了基于改良Pegasus方案的5640超导比特的下一代退火模拟机，该体系的纠缠、关联特性及计算能力均将大幅提高。美国谷歌公司发布72物理比特的超导计算芯片Bristlecone、中科大团队实现最高20超导比特纠缠态的制备。美国IonQ公司发布最新研制的具有79个处理比特和160个存储比特的离子阱基量子计算机，其运行13比特时的量子门平均保真度高达98%，并可在室温下运行，为量子计算走出实验室、面向大众服务提供重要思路。

（2）在硅基半导体系统的量子计算相关研究取得重大突破。澳大利亚新南威尔士大学研究团在前期研究基础上，将硅基单量子比特门的保真度提高到99.96%、双量子比特门的保真度提高到98%，为纠错码的实用化研究迈出重要一步。

（3）量子编译环境与编程语言、量子云服务等软件平台渐趋开放。美国IBM 开源量子计算框架Qiskit开始为人们提供云端访问服务；荷兰Qutech公司推出量子平台Quantum inspire 为用户提供37比特的量子算法模拟服务；美国Rigetti推出量子云服务并宣布将在年内推出128比特的量子计算系统；中国华为公司发布量子模拟平台HiQ并对相关科研人员开放云使用权限；美国微软改进了量子编程Q#语言并推出量子化学模拟工具库；加拿大D-wave公司宣布开源混合工作流平台D-wave Hybrid，为开发者提供经典与量子混合编程工具。

（4）后量子时代密码安全成为重要课题。美国国家标准与技术研究院（NIST）经过一年多的测试，已选定了 26 种后量子加密算法进入二轮评估，包括基于格、基于编码、多元结构等多种重要方案，旨在预研后量子时代的信息安全传输与处理课题。

3. 各国量子计算近期发展重点更加明晰

各国政府继续加大力度，力促在未来数年将基本的小分子模拟、量子优化、量子控制等技术发展成熟并推广应用。美国国家科学基金会向马里兰大学及其他六家机构提供 1 500 万美元的“STAQ”项目，旨在研究开发量子计算机所需的软/硬件基础，并探索其应用领域和价值；美国国家科学基金会出台量子计算与信息科学人才培养计划，个人自主资金最高可到 75 万美元。欧盟宣布了“开放超导量子计算机（OpenSuperQ）”项目，已安排 1 033 万欧元用于开展相关研究。2019 年 6 月，英国宣布推出超过 12 亿英镑的总投资用于发展量子计算。

4. 量子传感助力精密仪器新发展

利用量子系统、量子特性、量子现象进行物理量精密测量的量子传感（Quantum Sensing）技术研究不断加强，测量精度不断提升，弱电、弱磁测量是重要应用对象。德国的斯图加特大学将金刚石中的氮空位（NV）色心系统应用于电场的精确测量并获得了较高的测量精度。光学微腔系统、里德堡原子、离子阱系统等其他量子体系同样在某些特定领域具有良好的传感应用价值，基于量子传感的原子钟、量子陀螺仪等器件在定位、制导等军事领域应用前景广阔，成为近年的研究重点。

从科技发展规律来看，当今世界正处于网络信息技术发展的起步阶段，各方面技术将持续向前演进推进，未来将发生更多颠覆性变化。可以预见，主要国家、科研院所、领军企业都将持续加大力度，特别是主要国家将在基础性、通用性、前沿性、颠覆性技术领域加强规划布局，抢占竞争高地，短期内，移动端操作系统、人工智能、物联网、车联网等技术与产业紧密结合领域将获得更快发展，大数据、虚拟现实等领域产业成熟度加深，量子计算等技术的颠覆性作用将随着产业发展而更加明显。根据 2019 年发展态势也可以充分预见，2020 年还将有更多突破性成果涌现，政府、企业、行业需要持续保持关注，加强国际科技创新合作，及时适应新技术、有效应用新技术，科学管理新技术，推动经济社会高质量发展。

第 3 章　世界数字经济发展状况

3.1　概述

当前，全球经济下行压力持续增大，经济发展进入新一轮康波周期中段，除中国经济表现出强劲的潜力和韧劲外，世界主要发达经济体中只有美国经济增速表现出上升趋势，新兴市场仅印度、越南增长态势较好，欧元区、日本及其他主要亚洲新兴经济体均出现增速回落现象。在这一大背景下，世界各国抢抓科技革命和产业变革带来的机遇，大力发展数字经济提升经济增长动力、扩大需求空间、提振国际贸易和投资水平。

数字经济发展水平与各国经济体量高度相关，发展依然不平衡不充分，并逐渐呈现出三级梯队趋势，美国继续保持强势，发展中国家话语权依然较弱。在二十国集团（G20）大阪峰会、博鳌亚洲论坛、亚洲太平洋经济合作组织（APEC）工商领导人中国论坛等国际会议上，数字经济已经成为重要议题。各国不断强化数字经济战略布局，战略设计和政策体系逐步完善。联合国贸发会议、经济合作与发展组织（OECD）、国际互联网协会等国际组织对数字经济高度关注，并陆续推出数字经济相关报告。

全球信息通信技术（ICT）产业平稳发展，作为数字经济的基础部分，为国民经济各领域提供丰富的信息技术、产品和服务，为数字经济快速发展提供持续动力。电信业伴随红利消退重回低速徘徊，互联网企业开辟新兴业务助力营业收入实现快速上涨，全球公有云市场伴随互联网与工业融合快速崛起，5G 商用元年开启大规模相关市场，引领投资走向。

先进制造业与现代服务业趋向深度融合，数字技术红利正在加速释放，大规模推进产业转型升级，人工智能、大数据、物联网等发展前景广阔，成为放大生产力的“乘数因子”。工业互联网平台市场规模呈现高速增长态势，金融科技产业进入健康发展新阶段，人工智能加紧向医疗、制造、农业等传统产业渗透。

3.2　全球数字经济发展态势

联合国贸易和发展会议发布的《数字经济报告 2019》显示，过去 10 年，全球信息通信技术（ICT）服务和可数字化交付服务的出口增长速度远大于整体服务出口的增长速度，反映了世界经济的日益数字化。2018 年，可数字化交付的服务出口达到 2.9 万亿美元，占全球服务出口的 50%[1]。作为驱动全球经济发展的新动能，数字经济在各国经济中占据越来越重要的地位。

3.2.1　发展前景依然向好

由于在国际层面对数字经济的定义还存在争议，相关统计数据也缺

[1] 联合国贸易和发展会议《2019 年数字经济报告》。

乏统一的标准，因此，数字经济的规模、结构、价值等还难以准确衡量，但国际社会普遍认为数字经济的发展前景依然向好。联合国贸易和发展会议发布的《2019 年数字经济报告》运用统计学方法，从狭义和广义两个角度，估算数字经济规模占世界 GDP 的 4.5%～15.5%。其中，就 ICT 产业增加值而言，美国和中国合计占世界总量的 40%，从占 GDP 比重来看，中国台湾地区、爱尔兰和马来西亚的 ICT 产业占比最高。经济合作与发展组织发布的《衡量数字化转型：未来路线图》报告关注数字经济对社会发展的影响，认为数字经济在增强访问、增加有效利用、释放创新、确保就业、促进社会繁荣、加强信任、促进市场开放等方面发挥积极作用。经济合作与发展组织发布的《2019 年技能展望：在数字世界中蓬勃发展》报告则认为，新的数字技术正在改变人们的生活、工作和学习方式，为提高生产力和改善社会福祉带来了巨大的潜力。国际互联网协会发布的《全球互联网报告：互联网经济的整合》报告更加关注互联网未来发展方向，认为平台在数字经济中越来越形成“深度依赖性”，互联网在平台、互操作性、标准开发、基础设施扁平化等所有关键领域均向集中整合方向发展。

3.2.2 总体实力日益分化

数字经济实力形成日渐清晰的三级梯队态势。世界各国数字经济均有不同程度的增长，但总体来看发展仍不均衡，呈现出数字经济规模与经济体量高度相关的显著特征。美国作为全球最大经济体，数字经济总量及各行业数字化发展水平都处于全球前列，实力遥遥领先。中国、日本、德国、英国、法国、韩国积极布局数字经济关键领域，发展跟随其后。印度、巴西、加拿大、意大利、墨西哥、俄罗斯、澳大利亚、印度尼西亚与南非等国家处于数字经济发展第三梯队。

联合国贸易和发展会议发布的《2019 年数字经济报告》显示，在最不发达国家，只有 1/5 的人使用互联网，而在发达国家，4/5 的人使用互联网。在利用数字数据和前沿技术能力方面，差距则更大，例如，非洲和拉丁美洲合起来拥有的主机代管数据中心占世界总数的不到 5%。这种鸿沟如果不加以解决，将加剧现有的收入不平等。

3.2.3　地区发展各具特色

欧洲国家数字经济综合实力最强，德国、英国、法国、意大利、俄罗斯等数字经济发展较为均衡，各国之间的数字产业化与产业数字化实力差距较小。亚洲国家数字产业化水平高，中国、日本、韩国等普遍重视利用互联网新技术新应用对传统产业进行全方位、全角度、全链条的改造，数字技术及产业发展成为拉动数字经济的关键部分。北美洲国家数字经济平均规模占优，在美国强大的数字经济规模拉动下，平均规模超 4 万亿美元，远高于其他地区。大洋洲国家数字产业化水平领先，澳大利亚等大洋洲国家重视数字经济融合发展，其中澳大利亚数字产业化占比高达 83.4%。非洲国家数字经济发展潜力仍待挖掘，发展相对欠缺，但南非数字经济增速高达 19.5%，或将带动周边发展。巴西等南美洲国家数字经济发展仍然缺乏亮点，整体表现较为平庸。

3.3 发展数字经济成为全球普遍共识

当前，国际经济形势错综复杂，贸易摩擦持续升级，全球经济复苏势头减弱，世界经济正处在动能转换的换档期。作为驱动全球经济发展的新动能，各国对数字经济的重视度日渐提升，不断加快数字经济战略部署。

3.3.1 规划布局不断强化

当前，各国不断强化数字经济战略布局。美国聚焦前沿技术重点领域，把握制造业产业链高附加值环节，利用数字技术推动制造业革命、激发传统工业的新活力。欧盟通过构建全方位数据法律规则，推动建立数字单一市场，加强数据资源管理，保障数字经济规范发展。日韩等国立足信息通信产业优势，重点推动数字产业化发展。中国着力提高数字技术创新能力，加速推进数字产业化与产业数字化，促进互联网、大数据、人工智能与实体经济深度融合，充分发挥大市场优势。总体来看，各国各地区制定推出的相关政策主要集中在加强技术创新、提升数字应用水平、提升治理能力、发力智能经济等方面。全球主要国家的数字经济战略如图 3-1 所示。

1. 在增强技术创新与产业能力方面

1）各国加速数字技术、产品和服务创新，积极制定相关激励战略

美国先后发布了《联邦云计算战略》《大数据的研究和发展计划》

《支持数据驱动型创新的技术与政策》，将技术创新战略从商业行为上升到国家战略，维持美国在数据科学和创新领域的竞争力。

图 3-1 全球主要国家的数字经济战略

德国制定了《数字化战略 2025》，将数字化技术应用作为重要举措，预计将在 2020 年前促进德国经济额外增长 820 亿欧元。建立两个大数据中心，推动大数据创新在“工业 4.0”、生命科学、医疗健康领域的应用，并促进 ICT、信息安全、微电子、数字服务等领域的投资。

英国发布了《数字宪章》，鼓励本土数字科技企业成长，并通过吸引世界各地的科技创新企业来促进发展。

欧洲数字议程提出“数字技术标准和兼容性”的概念，以确保新的数字技术设备、应用程序、数据存储库和服务之间无缝交互。

日本强调支持超高速网络传输技术、数据处理和模式识别技术、传感器和机器人技术、软件开发和无损检测、多语种语音翻译系统。

墨西哥着力扩大 ICT 产品和服务出口，以期成为全球排名第二的 IT 设备出口国。

2）将宽带网络作为战略性公共基础设施建设，支撑经济社会发展

美国提出到 2020 年为至少 1 亿个家庭提供最低 100Mb/s 的实际下载

速度和最低 50Mb/s 的实际上传速度。

德国提出“数字议程”，计划在 2018 年之前建成覆盖全国、下载速度在 50Mb/s 以上的高速宽带网络的目标。

英国提出《2017—2019 年电信基础设施草案》，给予新光纤网络最长可达 5 年的地方企业税率优惠，在提交议会的地方政府财政预算案中，将对企业新的 5G 和 FTTH/P 宽带网络给予税费减免，减免价值高达 6 000 万英镑，减免的资金可投资于网络扩张。

加拿大提出“连接每一个加拿大人”，保证农村地区的居民能接入高速宽带网络，充分享受廉价的无线服务，参与并受益于数字经济。

挪威通过强化交通运输部、通信部、供应商、邮电管理局在网络安全上的协作，提高电信网络的安全性和稳定性。

日本提出在发生大规模自然灾害时，ICT 部门可以借助冗余的 ICT 基础设施而正常运转。

2. 在加强数字技术应用水平方面

（1）推动数字技术与教育融合，提高宽带基础设施水平、增加学校计算机硬件设施数量，增加在线授课内容。美国每年专项拨款 39 亿美元用于建设和改造宽带网络，以保证各地区学校和图书馆都能享受高速稳定的宽带连接。英国旨在促进大规模网络公开课（MOOCs），来支持数字技能学习、劳动力再培训。

（2）推动数字技术与运输物流结合，利用数字技术创造一个安全、经济和环境友好型的道路交通体系。

（3）加快推进数字健康战略，将数字技术应用于医疗行业，能够提高诊疗的质量和效率、降低运营成本，并构建全新的医疗模式。日本通过加大医疗机构数字基础设施建设力度，促进远程诊疗技术、电子健康记录、医疗处方和配药信息的电子化等来提高医护人员的知识技能，提升医疗服务水平和质量。

3. 在提升治理能力方面

（1）鼓励建设数字政府。美国提出《开放政府指令》《政府信息开放和可机读的总统行政命令》《开放政府合作伙伴——美国第二次开放政府国家行动方案》等，明确要求所有联邦政府机构都应在公开的网站发布此前的内部电子数据集。英国将数据描述为创新货币和知识经济的命脉。日本提出“建设成为世界上最先进 IT 国家”，其中一项重要目标就是让任何人、在任何时间、任何地点，都可以通过一站式电子政务门户访问公共部门数据，享受公共服务。

（2）立法保障信息产业健康发展。美国高度重视保护互联网产业的技术研发、专利和知识产权，并已在核心领域与关键领域形成专利体系，强调完善的知识产权保护制度对促进生物技术、数字技术、互联网及先进制造业发展的推动作用。英国政府为加强网络安全保障，减少网络侵权等问题的出现，保护创新创业者的知识产权，颁布了《数字经济法案》，从法律层面切实做到保护数字知识产权，加大数字信息的安全保护力度，积极采取保全措施，使知识产权对权利人权利保护的及时性、便利性、有效性得以增强，进而鼓励知识创新。中国发布了《关于促进平台经济规范健康发展的指导意见》，优化完善互联网平台市场准入条件，鼓励发展平台经济新业态。

4. 在发力智能经济方面

越来越多的国家将科技创新和产业升级逐步聚焦于人工智能领域。

在全球 20 多个主要部署人工智能的国家中，80%的国家在 2017—2019 年密集发布人工智能战略计划。自 2019 年以来，美欧加速推进，新兴国家积极跟进。

美国持续加强战略引导，评估调整人工智能优先事项。美国总统特朗普在 2019 提 2 月签署了《维护美国人工智能领导力的行政命令》，启动了“美国人工智能计划”；2019 年 6 月发布了《国家人工智能研究与发展战略规划》更新版，将原七大战略更新为八大战略优先投资研发事项。

欧盟强化各国协同推进，加大人工智能投入。欧盟理事会在 2019 年 2 月审议通过了《关于欧洲人工智能开发与使用的协同计划》，以促进欧盟成员国在增加投资、数据供给、人才培养和确保信任 4 个关键领域的合作。2019 年 4 月，欧盟委员会发布了人工智能伦理准则，以提升人们对人工智能技术产品的信任。

俄国、韩国、西班牙、丹麦等国加紧制定人工智能国家战略。2019 年 1 月，韩国科学技术信息通信部制定了《推动数据、人工智能、氢经济发展规划》。2019 年 3 月，西班牙政府发布了《西班牙人工智能研究、发展与创新战略》，丹麦政府发布了《丹麦人工智能国家战略》。

3.3.2 国际规则制定权竞争凸显

数字经济国际规则制定是信息时代重新划分国际贸易市场的重要手段。

目前，在国际层面制定统一的数字经济通用规则还不具备现实基础和理论共识，但世界主要国家都在通过双边及区域自由贸易协定来推动数字经济发展。目前已经有小范围的国家就此达成一致，并意图逐渐推广成为多边国际规则。例如，日欧经济伙伴关系协定中就将电子商务和跨境数据流动作为专门部分进行规定，《全面与进步的跨太平洋伙伴关系协定》（CPTTP）中将“电子商务”独立设定了一章予以规范，美墨加协议（USMCA）中对“数字贸易”规则进行了详细规定。据统计，世界范围内约有 70 个自由贸易协定（FTA）涉及数字贸易规则，双边带动多边趋势明显。

新兴市场国家数字经济虽然取得一定发展，但产业创新不平衡、政策法规制定相对滞后、传统产业和新技术存在“认知隔墙”的问题仍未得到有效解决，数字鸿沟依然存在，在话语权和规则制定权上仍处于劣势。印度、越南等发展中国家积极参与世界贸易组织（WTO）有关电子商务的谈判，但与很多国家还存在立场分歧和利益竞合，导致目前在数字经济国际规则制定中还较为被动。

3.4 数字产业化整体发展平稳

ICT 产业作为数字经济的基础部分，为国民经济各领域提供丰富的信息技术、产品和服务，目前呈现出规模较大和 GDP 占比较高的特点，已成为数字经济发展的先决条件。

3.4.1 电信业重回低速徘徊状态

4G 流量红利逐渐消退，2018 年前三季度全球移动服务市场下滑 0.4%，超过一半的国家/地区移动服务市场增速回落。受流量价值下滑、市场等负面影响，领先电信运营商收入负增长阵营扩大，AT&T 与

CenturyLink 靠收购拉动增长。

全球电信业发展增速与 GDP 增长速度的差距加大。2018 年，全球电信服务业预计收入 16 100 亿美元，增速低至 0.9%。其中，数据业务占比从 2017 年的 58%扩大至 2018 年的 60.3%，增长核心动力依旧来自移动数据业务，贡献率从 266%降至 194%。2013—2018 年全球电信服务业发展情况如图 3-2 所示。

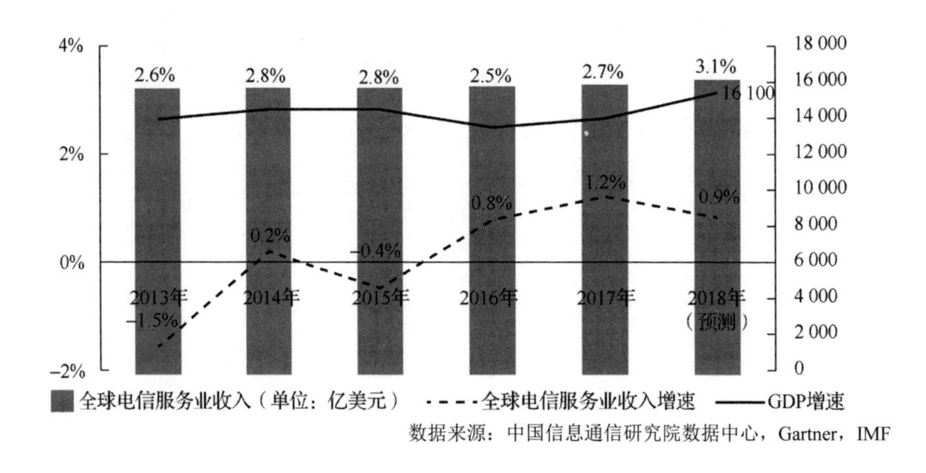

图 3-2　2013—2018 年全球电信服务业发展情况

3.4.2　电子信息产业持续增长

2018 年全球电子信息产业市场规模增长。

（1）智能手机市场规模持续扩张。全面屏、指纹识别等技术创新，带来智能手机更新换代和价格上升。同时，产业链上游的存储、电容等元器件价格持续上涨，推高智能手机成本和价格，从而提升了智能手机市场规模。

（2）电子元器件市场分化明显。全球 MLCC（片式多层陶瓷电容器）等分立器件供货紧张，价格持续上涨；人工智能等新技术拉动光电子器件、FPGA（现场可编程门阵列）规模增长；NAND（闪存设备）价格开始下跌，DRAM（动态随机存取存储器）价格从 2018 年第二季度开始下降，使得电子元器件市场规模总体增速趋缓。

（3）服务器、PC 市场规模大幅上升。大型数据中心进入采购周期，IT 设备的大规模部署推动服务器产业规模上升；同时，PC 市场开始复苏，成为增长动力之一。2017—2018 年全球电子信息产业收入增长主要来源如图 3-3 所示。

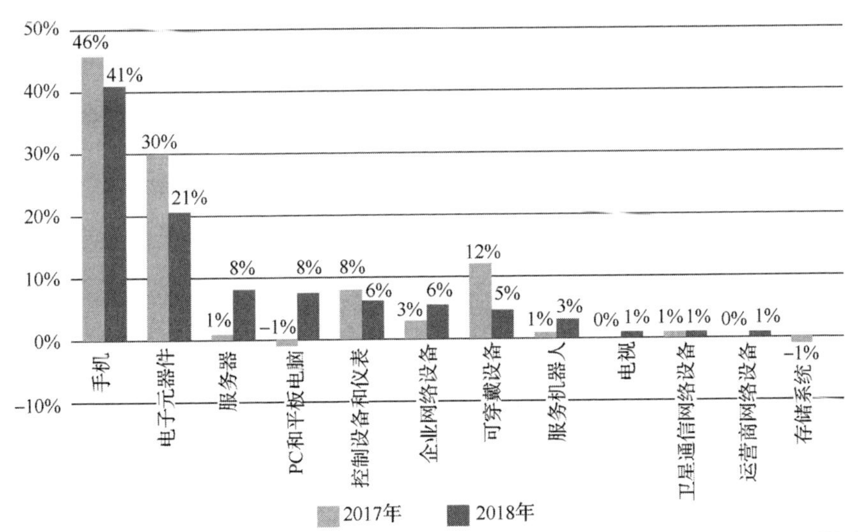

数据来源：中国信息通信研究院，Gartner，Yearbook of World Electronics Data、IFR 等

图 3-3　2017—2018 年全球电子信息产业收入增长主要来源

（4）软件业收入持续增长。其中，机器人流程自动化（RPA）软件增长迅速。Gartner 发布的数据显示，2018 年，全球企业应用软件收入总计超过 1 936 亿美元，同比增长 12.5%；机器人流程自动化（RPA）软件收入猛增 63.1%，成为全球企业软件市场中增长最快的部分。

3.4.3 互联网领域营业收入持续上涨

在全球市值排前十名的企业排行榜中，互联网企业市值占比接近50%; ICT 企业数量已由 2009 年的 4 家成长为 8 家，市值占比也由 37.9%上升至 85.8%。全球互联网营业收入规模持续快速上涨，根据各大互联网企业的 2018 年业绩报告统计，全球营业收入最高的十大互联网公司（见表 3-1）总收入达到 6 561 亿美元，其中亚马逊以 2 329 亿美元（约合 1.61 万亿人民币）的营业收入排名榜首，Alphabet（谷歌母公司）以 1 368 亿美元（约合 0.94 万亿合人民币）的营业收入排名第二，京东以 672 亿美元（约合 4 650 亿人民币）的营业收入排名第三。在十强榜单中，美国占了六席，中国占了四席，可以看出中美在互联网领域继续处于全球领先地位。

表 3-1 2018 年度全球营业收入最高的十大互联网公司

排名	公司	2018 年（财年）营业收入/亿美元	2018 年（财年）净利润/亿美元
1	亚马逊	2329	101
2	字母表公司	1368	307
3	京东	672	5
4	阿里巴巴	562	139
5	脸书	558	221
6	腾讯	466	117
7	奈飞	158	12
8	贝宝	154	21
9	百度	149	41
10	Booking 控股	145	40

3.4.4　公有云市场迅速崛起

全球面向企业的互联网应用服务市场长期保持 30%的速度稳定增长，根据知名市场研究机构 Canalys 公布的数据，2018 年全球公有云计算市场规模突破 1 600 亿美元，预计 2019 年将突破 1 900 亿美元。美国企业互联网发展长期引领全球云市场，从巨头到创新企业全面进军企业互联网创新。亚马逊依然是行业的领头羊，市场份额遥遥领先微软、谷歌以及阿里。SaaS 独角兽 Salesforce 市值突破千亿美元，谷歌云服务保持高速增长，同时全力进军面向企业的新零售市场，并开始进军面向政府的智慧城市领域。中国互联网企业全面进军 B 端、G 端市场，百度、阿里巴巴、腾讯等领军企业大力推进架构调整与业务布局，智慧城市、工业互联网、人工智能与数据分析等成为当前互联网企业的核心着力方向。全球公有云市场规模如图 3-4 所示。

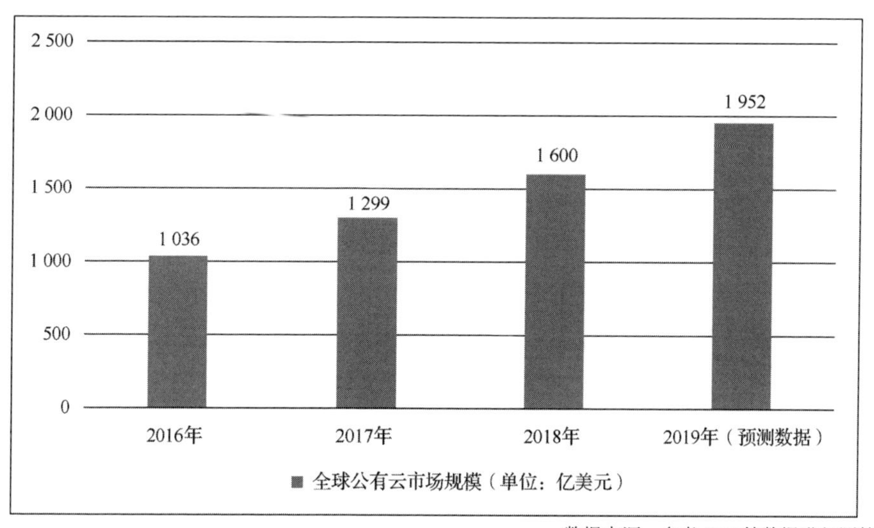

数据来源：参考 IDC 等数据进行测算

图 3-4　全球公有云市场规模

3.4.5 5G 带动上下游产业发展

根据高通预测，到 2035 年 5G 将在全球创造 12.3 万亿美元经济产出，全球 5G 价值链将创造 3.5 万亿美元产出；2020—2035 年，5G 对全球 GDP 增长的贡献将相当于与印度同等规模的经济体。根据中国信息通信研究院测算，预计 2020—2025 年，5G 将拉动中国数字经济增长 15.2 万亿元；5G 与人工智能、大数据等 ICT 新技术融合发展，将推动数字经济生产组织方式、资源配置效率、管理服务模式深刻变革。

5G 系统设备逐步成熟，带动射频、天线、光模块等通信器件技术升级和产业需求扩张。在集成电路等基础硬件方面，5G 时代频段数量提升及海量设备连接带来滤波器和功率放大器增量明显，到 2020 年全球射频器件整体规模将达到 200 亿美元，200mm 等效的射频 SOI 晶圆出货量将超过 200 万片；同时，5G 网络架构变化以及基站规模部署将有效刺激光模块需求，预计 5G 时代中国光模块产业投资额为 1 500～1 700 亿元（包括无线网络和传输网）。在设备层面，Massive MIMO 技术要求天线系统具备 64T64R 或 128T128R 并搭配多组射频单元，5G 时期基站天线投资规模将远超 4G，总投资额将达到约 500 亿元规模水平。

5G 将催新产业环节规模化发展，带动超高清、虚拟现实等产业链投资壮大。一方面，5G 具有高频和低频两种频谱资源，宏基站作为低频载体是前期网络商用部署的重点，而中后期高频网络的无缝深度覆盖，将推动基站需求由宏基站向小基站转移，中小型设备厂商及 IT 设备商积极进入小基站市场，预计 2021 年全球室内小型基站市场规模将达到 18 亿美元。另一方面，5G 通过与交通、医疗、工业、文化娱乐等各个行业融合，孕育新兴信息产品和服务，产生各种 5G 行业应用，如 4K/8K 视频、虚拟现实等，将重塑传统产业发展模式。

3.5　产业数字化发展水平快速提升

新一代信息技术突飞猛进，与传统产业融合渗透程度持续深化，实体经济向数字化、网络化、智能化加速演进，数字技术大幅提升生产效率、运行效率，工业互联网、金融科技、人工智能应用成为发展亮点，呈现规模性增长。

3.5.1　“智能+”成为经济发展新范式

人工智能正以传统产业难以比拟的增量效应、乘数效应和技术外溢效应，加速向传统产业融合渗透，形成数据驱动、人机协同、跨界融合、共创分享的智能经济形态。人工智能技术与农业、制造、金融、教育、医疗、零售等领域深度融合，既推动人工智能的规模化应用，也提升其他产业发展的智能化水平。

在人工智能与实体经济融合方面，Markets and Markets 预计，2020—2022 年，人工智能在金融科技的全球市场规模年复合增长率超过 40%；2020—2023 年，全球智能零售市场、人工智能在教育行业的市场规模年复合增长率分别为 24%和 47%。到 2020 年，中国人工智能产业规模有望突破 1 600 亿元，带动相关产业规模突破 1 万亿元，在经济社会发展中的地位和作用不断凸显[1]。

3.5.2 工业互联网走向务实落地阶段

1. 全球工业互联网平台“三足鼎立”格局日渐清晰

全球工业互联网平台产业加速发展。云计算、大数据、人工智能等先进信息技术，带动集中监控、预测运维、质量优化等智能化应用广泛在制造业普及，驱动工业互联网平台市场规模呈现高速增长态势。研究机构 Markets and Markets 发布的数据显示，2017 年，全球工业互联网平台市场规模为 25.7 亿美元，2018 年，增长至约 32.7 亿美元。预计 2023 年，整个市场规模达到 138.2 亿美元，预期年均复合增长率高达 33.4%。在工业互联网平台市场中，面向设备管理的平台发展较为成熟，目前占了最大市场份额。

美国、欧盟和亚洲国家是全球工业互联网平台市场的主要贡献者。受益于 GE、PTC、罗克韦尔、IBM、微软等诸多领军企业带动，以及前沿技术创新活跃，美国当前的平台发展具有显著优势，并预计将在一段时间内保持其市场主导地位。随着西门子、ABB、博世、施耐德、SAP 等欧洲工业巨头投入力度的不断加大，欧洲立足其全球领先制造业基础在平台领域进展迅速，成为美国当前主要的竞争对手。此外，中国大陆地区和印度等新兴经济体的工业化需求持续促进亚太地区工业互联网平台发展，因此，亚洲市场增速最快且未来有望成为最大市场。全球工业互联网平台市场规模如图 3-5 所示。

[1] http://www.ce.cn/cysc/tech/gd2012/201909/06/t20190906_33097412.shtml

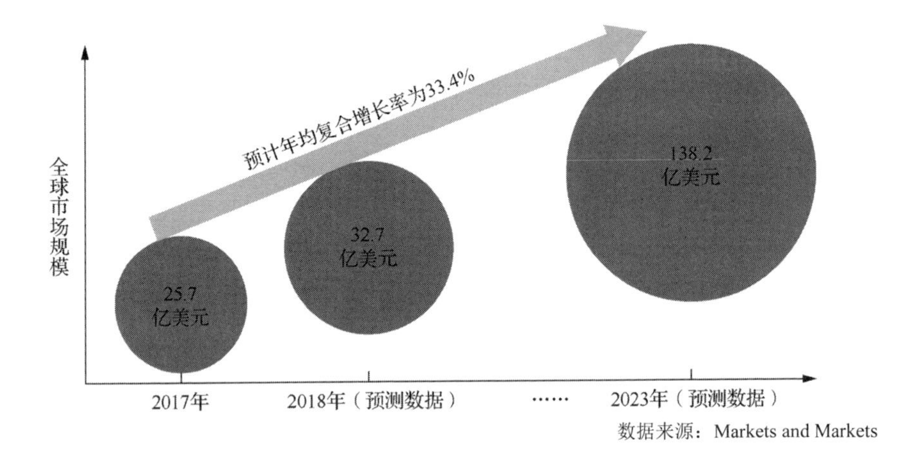

图 3-5　全球工业互联网平台市场规模

2. 行业巨头布局更加积极，初创企业表现更加活跃

1）领先行业巨头围绕工业互联网平台布局的积极性显著提高

（1）进一步聚焦数字化业务。西门子公司 2018 年财年净资产收益率最高的是数字化工厂板块，达 20%，较 2017 年财年提高 1.5 个百分点，在其发布的《公司愿景 2020+》战略中宣布将数字化工业作为未来三大运营方向之一。

（2）持续强化行业服务能力。微软 Azure IoT 平台不断丰富远程设备监控、预测性维护、工厂联网与可视化等功能，通过数据采集分析为英国罗尔斯-罗伊斯（简称罗罗）公司提供发动机远程运维解决方案。

（3）积极调整发展策略。通用电气公司将数字集团业务重组为以 Predix 平台和工业软件为核心的独立运营公司，持续推进数字化领导地位。

2）工业互联网平台领域的创新企业表现也日益活跃

（1）技术创新企业不断涌现。位于美国旧金山的 Particle 公司推出工业互联网硬件、软件及连接平台，帮助企业跟踪和管理有价值资产，全球已有 8 500 家公司使用其产品；北安普顿初创公司 MachineMetrics 提供实时分析软件，用机器学习算法进行数控机床数据分析，提供运维建议。

（2）优秀的初创企业也得到了资本市场的青睐。2014 年成立的 Uptake 公司在短短四年间就获取了超过 2.5 亿美元的融资，市场估值高达 23 亿美元。提供边缘智能软件的 FogHorn 公司目前累计融资 4 750 万美元。

3. 技术提升与应用普及协同发力，推动平台做深做实

1）平台企业聚焦核心服务需求，提升平台技术能力

（1）关注工业现场实施应用，推出边缘解决方案。例如，微软推出开源 Azure IoT Edge 边缘平台，基于云的分析和业务逻辑迁移到边缘；与高通基于此平台共同创建边缘侧的全新视觉 AI 解决方案。

（2）提高平台应用开发效率，聚焦微服务、低代码开发等技术。例如，西门子将在其 MindSphere 平台中引入 Mendix 低代码技术，预计工业 App 的开发部署时间可缩短至原来的 1/10。

（3）支撑用户深度数据挖掘，夯实数据分析能力。例如，PTC 公司推出 Analytics Manager 大数据分析管理工具，可将外部分析工具与模型集成至 ThingWorx 平台。

（4）提升行业解决方案供给能力，整合专业技术与行业知识。例如，施耐德借助 EcoStruxure 平台，汇聚了超过 4 000 家工业系统集成商的行业知识，形成了各类工业 App 创新应用及解决方案。

2）平台建设与应用协同推进

在平台建设方面，领先平台能力建设和商业推广进展显著，其连接管理的资产、提供的解决方案数量、吸引的行业客户以及入驻平台的开发者等方面都有较大进步。PTC 的 ThingWorx 平台当前已经具备了 600 多个工业 App，每周有 1 000 多个客户使用，形成了 380 多个生态合作伙伴。EcoStruxure 平台部署在全球超过 48 万个安装现场，得到了超过 20 000 名开发者和系统集成商的支持，管理着超过 160 万份的资产。ABB 公司的 ABB Ability 平台目前已经汇聚了 210 多个数字化解决方案。在平台应用方面，覆盖范围向新行业拓展，应用深度迈向新阶段。平台服务的客户对象从石化、汽车、电子等传统应用领域延伸至食品、建材等新兴应用领域，食品公司 King’s Hawaiian 将机器连接到罗克韦尔 FactoryTalk 平台进行性能监控，帮助其每天额外生产 18 万磅面包，产量增加了一倍。基于平台的数据分析更加深入，已经从基础的实时状态监控转向更加深入的分析预测。SAP 为全球最大空气压缩系统供应商凯撒提供预测性维护及服务解决方案，能够对系统故障进行识别、隔离，并对部分故障实现预测，可帮助客户进行主动维护。

3.5.3 金融科技产业热度持续

1. 金融科技产业发展总体仍呈现迅猛增长态势

CB INSIGHTS 调查数据显示，2013—2017 年，全球金融科技投融资额增长近 5 倍。2018 年，全球金融科技投融资额达 1 118 亿美元，投资事件 2 196 例，创下最高纪录，并产生了有史以来投融资额最大的两笔并购事件——蚂蚁金服 C 轮 140 亿美元融资和 WorldPay 的 128.6 亿美元并购。2013—2018 年全球金融科技融资笔数及金额如图 3-6 所示。

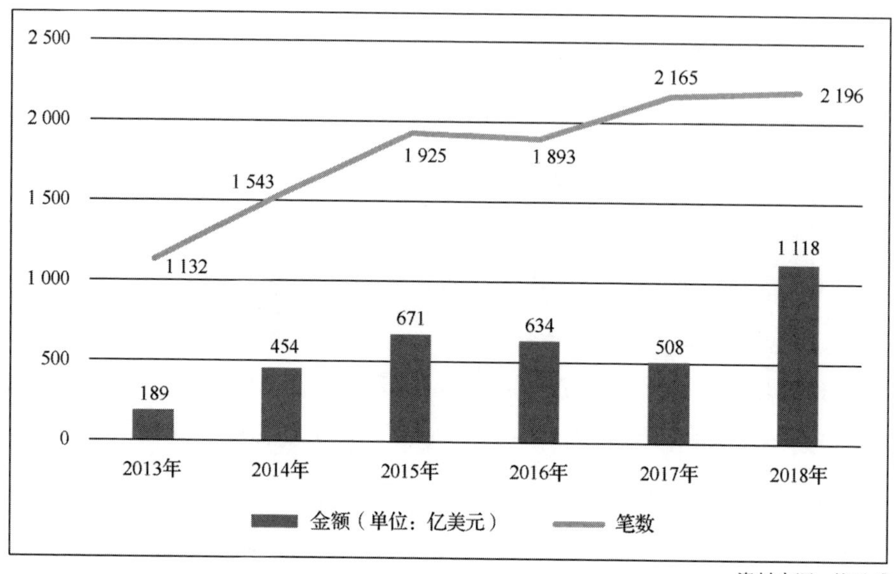

资料来源：毕马威

图 3-6　2013—2018 年全球金融科技融资笔数及金额

2. 北美地区居于领先地位，亚太地区成长迅速

从全球各地区的发展来看，依托于成熟的金融服务体系和雄厚的技术创新实力，北美地区的金融科技发展在全球居于领先地位。投融资规模方面，北美、亚洲、欧洲等三个地区在 2014—2018 年的金融科技投融资总额为 655.62 亿美元，北美地区占比 53.2%，高于亚洲和欧洲市场的总和。亚洲地区发展最为迅速，2018 年前三季度金融科技产业投融资 60.61 亿美元，接近 2014 年的 6 倍，如图 3-7 所示。

3. 支付和借贷领域的金融科技应用最为广泛

在全球金融科技众多应用领域中，支付领域和借贷领域的金融科技应用最为广泛。毕马威发布的“2018 全球金融科技 100 强”企业中，支付企业在榜单中占据主导，其中支付企业有 34 家上榜，借贷企业有 22

家上榜，排名前两位，企业数量远远领先于其他领域。“2018 年金融科技 100 强”企业所属业务领域如图 3-8 所示。

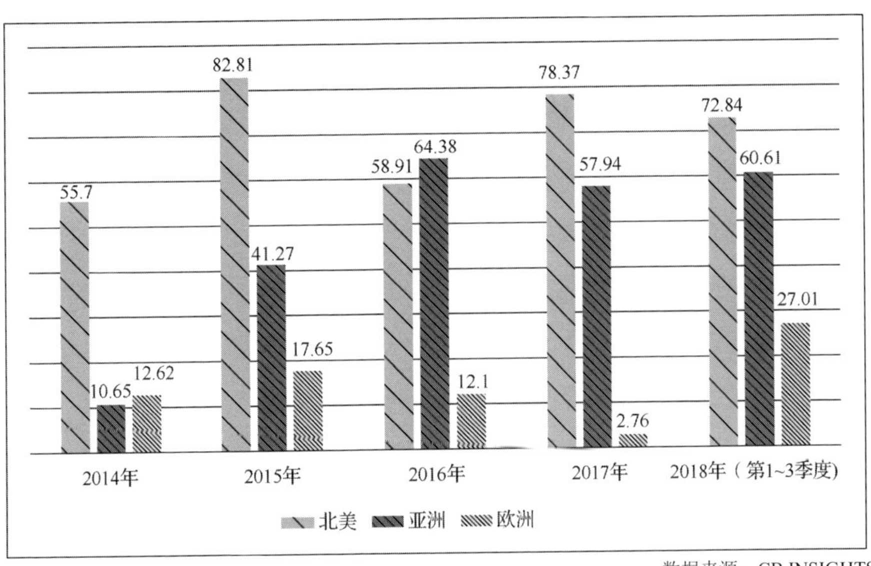

数据来源：CB INSIGHTS

图 3-7 北美、亚洲、欧洲融资总额

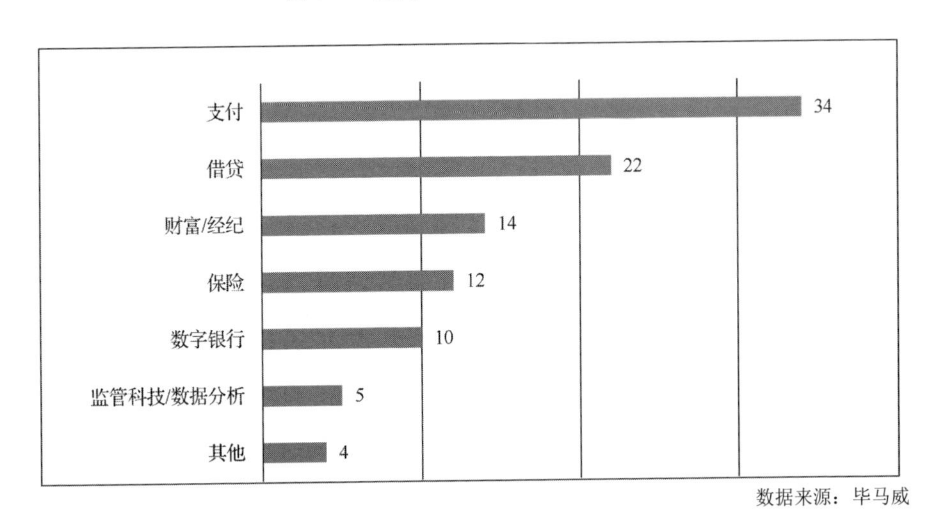

数据来源：毕马威

图 3-8 “2018 年金融科技 100 强”企业所属业务领域

通过分析 2018 年全球金融科技领域前十大融资项目（见表 3-2）可以发现，支付/交易类项目占一半，相关领域的投融资热度仍在持续。

表 3-2 2018 年全球金融科技领域前十大融资项目

序　号	公司名称	金额/亿美元	地　区	业务领域
1	Refinitiv	170	美国	机构/B2B
2	蚂蚁金服	140	中国	支付/交易
3	WorldPay	129	英国	支付/交易
4	Nets	55	丹麦	支付/交易
5	Blackhawk Network Holdings	35	美国	支付/交易
6	VeriFone	34	美国	支付/交易
7	iZettle	22	瑞典	支付/交易
8	Fidessa Group	21	英国	机构/B2B
9	Ipero	19	美国	机构/B2B
10	IRIS Software Group	17	英国	机构/B2B

4. 创新产品对金融监管带来挑战

2019 年 6 月，Facebook 等 27 家机构共同发布 Libra 白皮书，计划推出虚拟货币 Libra。Facebook 的行为形成巨大的示范效应，一些企业纷纷跟随，将发行虚拟货币提上日程。Libra 集稳定性、低通胀、被全球普遍接受和可互换性于一体，主打支付和跨境汇款，其可承载价值尺度、支付工具、价值储藏等货币职能，将对现有金融体系、货币体系和储备体系带来巨大冲击，也对全球金融监管提出新的要求。

当前，数字经济的快速发展既开辟了发展的新空间、带来了新机遇，又面临着许多新挑战。面向未来，各国更应积极把握新一轮科技革命和产业变革带来的机遇，强化国际合作，进一步发挥比较优势，共同优化全球经济资源配置，完善全球产业布局，培育普惠各方的全球大市场，充分释放数字经济增长潜能，推动全球共享数字经济发展成果。

第 4 章　世界数字政府发展情况

4.1　概述

各国政府积极顺应信息技术发展趋势，深刻把握信息化背景下政府治理新规律，纷纷革新理念、统筹规划、前瞻布局、强化创新，加快利用信息手段对传统政府管理进行变革，大力推进数字政府建设。数字政府日益成为践行现代行政理念、增强公共管理能力、提升国家竞争力的重要支撑。

世界数字政府建设向更多领域、更广范围、更深层次拓展。各国构建高层次的跨领域、跨部门的统筹协调机制，设立专门机构，健全数字政府运行制度，大力推进政府数字化转型；搭建云平台，加强协同集成，加快政务数据资源和基础设施数字化，在政府日常分析、决策和监管中充分运用数字化技术，推动政务服务一体化、综合化、主动化、精准化；建立网络化平台，加强与企业、社会组织合作，提供开放式、合作式公共服务，推动公共服务日益数字化、移动化、智能化，不断满足日益增长的公共服务需求；实施数字身份战略，大力发展与社会各界的数字伙伴关系，积极构建数字政府发展环境。数字政府在推动经济社会发展、提升政府治理效能、增进人民福祉等方面的作用日益凸显。

4.2 信息基础设施支撑能力显著增强

信息基础设施是数字政府建设与发展的基础。近年来，世界各国抓住新一代信息技术发展机遇，不断优化网络接入，推进政务云建设和应用，提升城市智能化水平，推动数字政府基础设施泛在化、云端化和智能化发展。

4.2.1 网络接入更加便捷普适

1. 持续加快网络基础设施建设

一方面，通过加大资金投入，推动网络基础设施普及。例如，为使散居在偏远地区的公众能够获取高速接入，加拿大政府2019年投入8 500万加元，与国际知名卫星通信公司 Telesat 合作开发低轨道卫星，为农村和偏远地区提供高速互联网接入。另一方面，通过自建或与社区、学校、银行等机构共建等途径，在人口集中的地区设立网络接入点，例如，加纳通信部 2018 年在四个西部社区建立网络基站，提供覆盖直径达 1 km 的 Wi-Fi 网络，为偏远地区人口相对集中的区域提供便捷的网络接入[1]。

---

[1] The Ghana Web，2018，Communications Minister to launch Smart Communities Project. https://www.ghanaweb.com/GhanaHomePage/NewsArchive/Communications-Minister-to-launch-Smart-Communities-Project-62363329.

2. 启动政务服务多点接入和全面整合

为提高政务服务的便捷性和普适性，一些国家开发了可办理多个部门业务的综合政务 App 和综合自助服务终端机，让用户能够“一点接入、一网办理”。例如，新加坡政府在智能手机高渗透率的基础上，通过移动政务应用程序向公民提供电子网络接入，让社会公众和企业更便捷地使用政府的在线资源[1]。印度电子和信息技术部开发了“UMANG”政务服务平台（见图 4-1），截至 2019 年 8 月已整合 19 个邦、77 个部门、413 项服务事项，极大地方便了公众办事。同时，该平台支持多种登录方式，公众可以借助手机获取相关服务[2]。

图 4-1　印度的“UMANG”政务服务平台

[1] 数据来源：2018 年联合国电子政务调查报告。

[2] 数据来源：https://web.umang.gov.in/web/#/。

4.2.2 云计算提升电子政务建设效能

一些国家采用自建、共建或租用云服务的方式，构建政务业务运行的数字化环境，数字化业务运维成本明显降低，政府存储、处理数据的能力大大增强，计算能力更加充足，设备维护管理更加便捷、高效。

1. 云上政务成为数字政府发展的重点方向

例如，美国联邦政府总务管理局（GSA）专门成立政务云平台（Cloud.gov），用于承接各联邦机构的政务数据，帮助其原有业务系统迁云改造。基于此，美国联邦选举委员会（FEC）重新设计了联邦选举网站（FEC.gov），在政务云平台上托管联邦选举网站，将各类数据和应用迁移到云端管理，每年可节省85%的资金成本。2018年，缅甸启动电子政务综合数据中心（e-Government Integrated Data Center，e-GIDC）建设，基于云计算技术建设政务系统，面向国民提供征税、电子身份证、电子签证等服务，使政府、企业和公众之间信息流通更加便捷。

2. 大型科技公司纷纷推出政务云平台

例如，亚马逊的AWS GovCloud、微软的Azure Government以及华为的eGovernment CLOUD平台等。为确保云平台的合规性和数据的安全性，政务云通常与面向企业的私有云隔离建设和运维。亚马逊在美国东部和西部建立了两个专门面向政府部门的政务云中心，截至2019年9月，已有超过5 000个政府和机构使用亚马逊的政务云服务，其中包括美国联邦政府、国防部等对运行性能和安全要求极高的部门[1]。

---

[1] 亚马逊中国，政府信赖的云，见https://aws.amazon.com/cn/government-education/ government/。

4.2.3 城市基础设施智能化升级日益广泛

城市是公众生活、企业经营的主要空间载体，在数字政府建设过程中，各国普遍重视提升城市基础设施的网络化、数字化、智能化水平，为改善民生服务、优化城市治理、提升政府管理能力营造良好环境。

1. 基础设施数字化建设是各国政府重点推进的基础工程

例如，通过建立高精度的城市三维数字模型，将包括供水、排水、燃气、供热、照明、消防等在内的各项城市基础设施进行数字化模拟，实时关注城市管网运营状况，实现城市精细化管理。伦敦、纽约等城市的城市管网管理系统，基于地理信息系统（GIS）将管线属性、空间信息等进行数字化建模，使用物联网技术对管网流量、温度、压力等运行状况进行智能感知，便于管理人员第一时间掌握管线事故并进行处置。

2. 数字孪生等新型理念也被引入城市建设当中

数字孪生城市是通过对城市物理空间的要素数字化，在网络空间再造一个与之对应的“虚拟城市”，形成物理维度上的实体城市与信息维度上的数字城市同生共存、虚实交融的场景。法国雷恩市建立城市 3D 数字模型，用于城市规划、决策、管理和服务市民。加拿大多伦多市计划在其沿海部分区域建设高科技社区，通过安装多类别传感设备收集车流密度、噪音、空气质量、能耗、出行方式、垃圾处理等信息，从而深刻洞察城市的运行规律，优化城市运营。中国的雄安新区在建设之初就坚持数字城市和现实城市的同步规划、同步建设，推动全域智能化应用服务实时可控，打造具有深度学习能力、全球领先的数字城市[1]。

[1] 数据来源：中国信息通信研究院，数字孪生城市研究报告（2018 年）。

4.3 数字政府建设体制机制逐步健全

世界数字政府建设向更多领域、更广范围、更深层次拓展，在政策体系、组织机制、领导能力、专业协作等方面持续取得重要成果。

4.3.1 数字政府政策体系日益完善

面对新一代信息技术发展带来的新机遇新挑战，近年来，各国政府纷纷出台战略规划、制定政策办法，加快推动数字政府建设发展。

在总体规划布局方面，发达国家争相颁布了数字政府发展战略规划。英国在世界数字政府建设中居于领先地位，2017 年，在此前《政府数字化战略》、“数字政府即平台”等战略计划的基础上，英国出台了《政府转型战略（2017—2020）》，通过推进跨政府部门业务的整体转型，推广数字化技术，优化业务工具、工作流程和管理模式，更好地利用数据，创建共享平台、组件和可重用业务功能等方式，进一步推动政府数字化转型进程[1]。美国发布了《数字政府：构建一个 21 世纪平台以更好地服务美国人民》，确保美国政府在数字世界的领先地位，开放政府数据推动应用创新，持续改进政府的服务质量。

在专项发展政策方面，美国、英国、澳大利亚等发达国家纷纷制定

[1] 张晓，鲍静.数字政府即平台：英国政府数字化转型战略研究及其启示[J]. 中国行政管理，2018.

了大数据、人工智能、开放数据等方面的相关政策文件，助力数字政府建设与发展。以美国为例，2017—2018 年，密集出台了《人工智能创新团队法案》[1]《人工智能未来法案》《人工智能就业法案》等法律规范，并于 2019 年公布了《国家人工智能研究发展战略计划》更新版，全面布局人工智能领域技术研发创新，确保美国在人工智能领域的领导地位。2019 年通过《开放政府数据法案》，要求政府建立全面的数据清单并定期更新、设立首席数据官及其委员会、建立开放政府数据的报告评估制度，为政府数据的开放、共享和应用提供了有力保障。此外，美国还发布了《联邦数据战略》，推动政府更加充分、高效利用数据资产，提升数据治理质量和水平。

4.3.2　统筹协调力度不断加大

随着政府数字化转型推进，传统政府治理中的多头管理、职能交叉、权责不一、效率不高等弊端日益凸显，迫切需要加强政府部门间、层级间的统筹协作。

1. 构建跨部门统筹协调机制

建设数字政府是一项系统工程，需要从机制上加强统筹整合，切实解决不同部门、不同层级、不同地方各自为政的问题。2018 年，澳大利亚成立国家数字委员会（Australian Data and Digital Council，ADC），统筹国家政务数据和政府数字化工作，并对各州和地区的数字化转型工作

[1] 资料来源：中国信息通信研究院发布的《全球人工智能战略与政策观察（2019）》，2019 年 8 月。

进行指导管理。2019 年，该委员会发布澳大利亚全国数据和数字政府计划概述，部署了 93 个涉及联邦政府和州的项目。中国建立了国家电子政务统筹协调机制，由中央网信办牵头，国家发展和改革委员会等有关部门参加，统筹全国电子政务建设发展。

2. 强化政府信息官员的信息统筹协调职责

面对信息时代挑战，政府部门及其工作人员必须主动适应，增强信息技术与政务工作间的协调联系，运用互联网技术和信息化手段开展工作。例如，美国众多政府部门设立了首席信息官（CIO）和首席数据官（CDO），负责制定信息化战略规划和计划、跟踪信息化规划和项目的实施、开发利用政府信息资源、提升部门的信息化能力等工作，成为政务业务和信息技术之间的桥梁，实现了部门内部数字化发展的统筹协调。

4.3.3 专业管理和协作能力显著提升

在加强统筹协调的基础上，各国政府普遍采取设立专门的数据管理与协调机构、加强专业化协作等措施，积极推进政府内部跨层级、跨部门、跨地域的数字化协同。

1. 设立专门机构推进政府数字化转型

例如，英国内阁办公室成立了政府数字服务组（Government Digital Service，GDS），瑞典政府成立了数字政府管理局（Agency for Digital Government，DIGG）等，职能包括组织与实施政府数字化工作，推进各类政务系统、政务数据库建设和应用。美国政府专门成立“数字政府研究中心”，提出以评促建提高数字政府质量[1]。澳大利亚设立维多利亚数据洞察中心（Victorian Centre for Data Insights，VCDI），收集整理公共服务数据，与其他政府部门和机构合作开展数据分析项目、推动澳大利亚和各国政府间的数据使用合作等。2018 年，澳大利亚数字化转型局（Digital Transformation Agency，DTA）发起了数字化生活社区行动，通过在线论坛，定期会面等线上线下结合方式，促进政府间合作推动社区公共问题解决。

2. 国家和区域间的数字合作日趋频繁

丹麦、芬兰、冰岛、挪威、瑞典等国成立了 2017—2020 年北欧数字化部长理事会，协调推进北欧数字化建设战略部署。2018 年，瑞典、丹麦、芬兰、挪威、冰岛、爱沙尼亚、拉脱维亚、立陶宛 8 个北欧和波罗的海国家的代表签署了《加强人工智能合作宣言》，促进政府部门更好使用人工智能。

4.4 政务信息应用水平明显提高

随着政府部门数字化进程的推进，世界各国越来越多地采用数字化方式保存各类政务文档和记录，政府部门间开展协作也越来越依托数字化的政务信息。目前各国政务信息的管理和开发利用，正日益向数字化、开放化、共享化、资源化方向发展。

---

[1] 国家信息中心大数据发展部发布的《全球政府数字化转型启示与借鉴》，见 http://www.sic.gov.cn/News/612/9842.htm。

4.4.1 信息资源数字化进程加速推进

信息资源的数字化程度，对于发挥数字政府建设的协同效应至关重要。目前世界各国政府的实际运作仍然离不开纸质文档，大量政务部门仍然沿用传统方式保存和管理政务信息，制约了数字政府发挥效力。一些国家加快信息资源的数字化进程，推动数字化技术在公共服务中深度应用。

1. 数字化日益成为信息资源生产和存储的重要方向

典型应用为医疗系统内部实行电子健康档案数据共享。意大利投资 7.5 亿欧元为所有公民建立电子健康记录、电子医药处方、发展远程医疗、推动在线预约以优化卫生资源和减少就医等待时间。奥地利建立全民电子健康系统，旨在协调电子健康财务、卫生机构和利益相关者之间关系，简化医疗费用结算手续和流程。澳大利亚数字经济战略聚焦电子档案和远程医疗，计划到 2020 年之前把老年人、已育女性、婴儿和慢性疾病患者能够访问的个人电子健康记录共享比率提高至 90%，从而逐步推广远程医疗保险计划、全科医生视频会诊热线、孕妇婴儿帮助热线等远程医疗服务。

2. 信息资源数字化覆盖范围不断扩大

随着数字音像、扫描、存储等设备的广泛应用，各国政府在加强既有文件档案资源数字化转换的同时，推动更多工作进入数字化轨道，形成新的数字信息资源。英国国家档案馆在 2017 年《数字化战略》中提出，政务档案数字化转型刻不容缓，需要提升档案部门的数字存档能力，进行颠覆性的数字档案变革。英国国家档案馆网站如图 4-2 所示。2018 年，德国政府发布《联邦政府促进数字变革实施策略》[1]，将政务图像资源管理明确为数字化基础性工作。

图4-2　英国国家档案馆网站

4.4.2　数据共享支撑平台加快构建

为促进政府部门开展数字化协作，世界各国正大力建设政务数据交换共享平台，为政务信息和数据的高效流转和及时调用提供支撑。由于数据共享平台大多需要连通不同层级、不同区域的政府部门和业务系统，项目难度和开支较大。为此，一些国家采取了灵活多样的方法，鼓励开发共享政务数据接口，加快构建政务数据共享平台。

目前各国政务数据接口开发主要有两种形式：

（1）基于数据汇聚，由各部门提供可共享的数据资源，平台进行整合汇聚和适当处理，再根据需求共享。美国、英国的政府数据开放共享多采用这种模式。

[1] 资料来源：https://germandigitaltechnologies.de/national-strategies/。

（2）基于数据接口，由各部门提供数据接口，平台对接口统一管理并通过接口提供数据共享服务。例如，澳大利亚维多利亚州政府构建了数据接口工厂和数据接口网关，可帮助政府部门开发数据接口并进行统一管理；州政府还制定了数据接口最佳实践设计标准，开通了政府共享数据接口门户网站，为政务数据跨部门、跨地域共享共用创造了有利条件。

4.4.3 数据开放效应持续显现

数据开放是促进信息资源创新、建设透明型政府、推动信息惠民的重要举措。近年来，发达国家积极推动政务数据开放，数据资源的价值持续显现。

1. 多国制订公共数据资源开放计划

美国、英国、澳大利亚、加拿大、新西兰等发达国家分别宣布了公共数据开放计划，开放政府数据日益成为全球趋势和共识。英国是政府开放数据的先驱者，目前数据开放范围已经涵盖社会福利、法律、税收、交通、教育、求职、移民等众多领域，涉及人们生活方方面面，为推动建设开放透明政府、促进社会创新创业提供了有利条件。美国积极推动政府数据开放，截至 2019 年 8 月，联邦政府开放数据门户网站（DataGov）提供了 236 391 个数据集，涵盖农业、气候、消费、教育、能源等 14 个领域，数据包含标题、用途、参考资源、元数据等完备的描述，支持多种格式下载。

2. 数据开放推动释放数据价值

政府开放数据有助于开发挖掘数据资源价值，用新思路、新方法、新举措破解社会经济发展中遇到的各种问题。例如，纽约市利用政府开放的数据提升管理水平，促进公众参与创业创新。纽约持续举办 NYC BigApps 大赛，鼓励公众利用政府开放数据进行应用开发，激发公众参与大数据应用与城市管理的热情。获胜者不仅能够得到丰厚的现金奖励，还有机会将自己的成果通过城市网络平台进行推广。通过数据的共享开放，促进了政务数据和社会数据的融合创新，有力推动了社会发展变革。

4.5 公共服务能力不断提升

随着信息技术的发展，近年来移动互联网的普及率不断上升，人工智能、大数据等新一代信息技术被广泛运用到政府公共服务当中，政府公共服务能力大幅度提升。

4.5.1 移动互联网助推公共服务便捷化

随着智能手机普及率不断提高，“可随时随地获取和使用”成为政府公共服务的新要求，一些国家纷纷升级移动版网站，开发政务应用程序，公共服务移动化、泛在化趋势明显。

1. 加强公共服务的移动端供给

很多国家选取了一些高频公共服务事项，不断优化其在移动端的展现方式，将公众需求高的公共服务内容以移动化的方式提供出来。例如，英国政府选取了土地登记、护照签证、教育资助、车辆管理等 25 项公众高频服务需求，将 25 个政府部门及 405 个各类机构的常见政府信息和服务整合到 GOV.UK 网站，并结合公众手机访问量高的特点，不断优化 GOV.UK 移动版页面，使其更加简明易用，让公众获得良好的使用体验。

2. 大力开发移动政务应用程序

近年来，各类专用的政务服务 App 层出不穷。截至 2019 年 8 月，美国联邦政府共开发了 93 个 iOS 应用程序，72 个安卓应用程序以及 18 个移动政务网站，还专门建立了“联邦政府移动 App 目录”，方便公众查找政府官方的 App[1]。在中国，大量政务移动应用也不断涌现。例如，浙江省打造全省统一的移动政务服务客户端“浙里办 App”，实现全省医院诊疗挂号、交通违法处理、房屋权属证明、纳税证明、社保和公积金信息查询、高考成绩和录取查询、地铁购票、找车位、找公厕等公共服务内容通过手机客户端便捷办理。

4.5.2 人工智能提升公共服务精准化水平

近年来一些国家积极探索人工智能技术在公共部门的应用，不断提升公共服务的精准化水平，提高公共服务的响应速度和服务质量。

1. 提升公共服务效率

目前，已有二十余个国家和地区制定了人工智能战略，推动人工智能技术在公私部门中的应用。2019 年美国联邦政府加快推进人工智能和自动化技术的开发应用，推动各部门将新兴技术整合到业务服务中。例如，为高效处理大量援助和就业申请，美国纽约市社会服务部与 IBM 合

[1] 数据来源：https://www.usa.gov/mobile-apps。

作，使用 IBM 的人工智能平台 Watson，利用其机器学习和大数据分析能力，依据申请者的社会福利、收入补贴、商业保险、申请缘由等信息，快速辅助判断申请者是否符合要求，从而大幅提高申请处理效率，改善公共服务质量。

2. 改善公共服务质量

作为电子政务领先国家，新加坡十分重视人工智能技术在公共部门的应用，在“智慧国 2025”战略中，将人工智能、大数据作为改善公共服务、优化城市管理的关键技术。为改进公众咨询服务，新加坡与微软公司合作开发了虚拟助手“Ask Jamie”，基于公众咨询的历史记录和机器学习技术，快速响应公众咨询，目前已部署到 70 余个部门和机构。

4.5.3　大数据技术提高公共服务精细化程度

政府在行政过程中积累了大量数据资源，利用大数据技术对政府数据资源进行挖掘和分析，可以实现公共服务的精准化、个性化供给，提升政府决策科学化水平。

1. 推动公共服务精准化供给

一些国家积极利用大数据技术预测公众和企业需求，探索提供事前服务功能。例如，澳大利亚在 2019 年升级了社会保障服务虚拟助手“Virtual assistants”，通过分析申请者的基本情况，可以主动对申请者进行提醒和服务帮助；在获得同意后，还可为用户进行数字画像，根据用户所处的不同阶段，预先提供有针对性的服务[1]。

[1] 数据来源：https://www.computerworld.com.au/article/659288/human-services-expand-chatbot-ranks-pipa/。

2. 提高公共服务个性化程度

墨西哥政府为改善本国妇幼保健状况，联手联合国儿童基金会试点开展了“普洛斯彼拉（Prospera）数字实验计划”，通过发送自动短信、模拟对话、分析回复，确定怀孕及哺乳期妇女的需求，进而提供有针对性的帮助。截至 2018 年年底，该计划已成功帮助 5 000 名妇女[1]。中国南京市以政务服务大数据为支撑，面向公众和企业不同生命周期的潜在需求，在“我的南京”App 中开设了多种特色化、差异化的服务主题。例如，向经常访问社保、公积金、个税等版块的市民定向推送相关信息，受到公众普遍欢迎。截至 2019 年 8 月，仅安卓版本应用的安装量就超过 1 000 万人次。

3. 提升政府决策科学化水平

美国芝加哥创新与技术部（Department of Innovation and Technology，DoIT）使用大数据等技术创建一系列智能决策工具，可以及时获得、使用和发现芝加哥城市日常运营的数据信息，推动形成基于数据的科学决策模式。

4.6 数字政府发展环境日益完善

数字政府的建设需要与之相适应的发展环境，支撑政府在数字空间的运行。近年来，各国政府普遍开始建立国家数字身份体系，大力发展与社会各界的数字伙伴关系，在数字政府发展环境的构建方面取得了显著成效。

[1] 数据来源：2018 年联合国电子政务调查报告。

4.6.1　数字身份体系逐步建立

数字身份是数字空间的“身份证”，随着社会信息化程度的提高，政府业务及服务数字化程度的加深，构筑数字空间的身份体系成为数字化转型过程中的基础工作。当前，一些国家基于密码技术、安全芯片及区块链技术，建立公民、企业及公共部门的数字身份体系，并通过立法保障其与真实身份的一致性，有力支撑了数字政府转型和发展。

1. 公众数字身份体系建设

近年来，多国为本国公民配备了“数字身份证”，为公民获取在线服务提供了极大的便利。为配合英国内阁推进政府数字化转型，英国政府数字服务组（GDS）建立了在线身份识别系统（GOV.UK Verify），通过构建政府网站一站式电子身份服务，为政府网站的用户认证提供了安全快捷的方式。英国政府计划在 2020 年实现对 2 500 万个英国公民的在线身份识别，并同步建成政府支付系统（GOV.UK Pay）和政府通知系统（GOV.UK Notify），以实现公民基于电子身份的网上支付和信息告知。爱沙尼亚实施了“电子公民”（e-Residency）身份证项目。该项目以区块链技术为基础，公民通过申请政府认证获得“电子公民”身份。政府向获得“电子公民”身份的公民、企业提供众多在线服务，包括全国范围的电子投票、合同电子签名、公司全流程在线注册等，18 分钟即可完成公司在线注册，95%的税单可在线填写。此项目面向全世界开放，截至 2019 年 4 月，来自 175 多个国家的 53 719 人申请成为爱沙尼亚电子公民；爱沙尼亚政府计划到 2020 年把“电子公民”总数扩展到 1 000 万人，如图 4-3 所示。

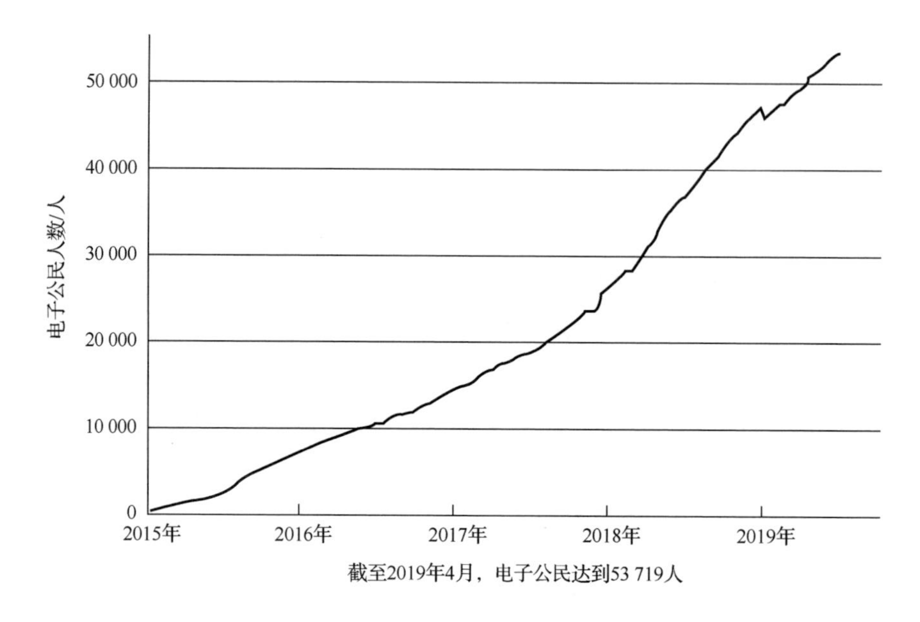

图 4-3 爱沙尼亚“电子公民”数量变化趋势

2. 企业数字证照体系建设

企业数字身份是企业在数字空间开展经营活动的基础。欧盟为让经常跨国开展业务的企业在各成员国都能获得便捷高效的公共服务，制定和实施了《电子身份识别和信托服务条例》（Electronic Indentification and Trust Service，eIDAS）。2018 年 9 月，条例正式生效。该条例在欧盟范围内承认公众企业电子身份证的合法地位，欧盟企业可通过电子身份证在成员国内跨境使用数字服务，极大地减少了重复向政府部门提供信息和材料的频次，每年可为欧盟企业和政府节省大量开支。在美国，企业的数字身份信息登记服务沿用已有的雇主身份识别号码（Employer Indentification Number，EIN，又称为联邦税务识别号码），美国境内外企业均可通过网络渠道向美国国税局申请获取。2018 年年底，中国国家市场监督管理总局出台《电子营业执照管理办法（试行）》，明确电子营业执照与纸质营业执照具有同等的法律效力。2019 年 6 月，正式上线“电子营业执照亮照系统”，可对企业提交的营业执照信息进行审核并生成相关链接，供公众查询企业的经营范围、经营期限、注册资本等信息。

3. 公共部门数字签名

公共部门的身份主要用于公共部门在提供服务时相互间的身份认定，对于提高公共服务的便利化程度具有重要意义。电子印章和数字签名可帮助政府部门进行身份识别，推动政府部门间网络、数据、业务互联互通。2019 年 8 月，中国提出“电子印章推广应用”，改变以往只能以政府纸质签章作为凭证的情况，有效压缩企业开办时间。2019 年 4 月，中国上海市“一网通办”平台引入电子印章服务，对各类法人电子印章和个人电子签名进行统一制作与管理，逐步实现各部门签署的电子文档在全市范围内的互通互认，节约了企业办事成本、减少了市民办事奔波。

4.6.2　政企合作进一步深化

企业在技术、资本等方面具有巨大优势，当前越来越多的企业参与到数字政府的建设、管理和运行当中，日益成为推动数字政府发展的重要力量。

1. 数字政府建设模式更加开放

高昂的软/硬件投资以及信息系统维护成本是各国政府数字化转型面临的共同问题，近年来，越来越多的国家采用政企合作的方式，降低政府建设成本、提升建设效率，部分国家采用政府和社会资本合作（Public-Private Partnership，PPP）的模式开展数字政府领域的建设，实现政企间合作共赢。例如，美国印第安纳州政府应用建设-经营-转让

（Build-Operate-Transfer，BOT）方式免费拥有了网络综合服务系统。该方式由企业出资负责系统的开发、经营、维护和管理等，企业对系统上约1%的服务进行收费以维持运营，经营若干年后系统转为政府所有，从而帮助政府在不进行任何拨款的前提下，为公众提供更为优质、高效的数字服务。英国广泛应用建设-拥有-经营（Build-Own-Operate，BOO）方式来建设"政务云"，即由运营商出资建设并拥有云基础设施，政府只购买其线上系统和线下代理服务，大幅降低了政府对基础设施的前期投入和更新维护成本。

2. 借助企业平台提供政务信息和服务

一些国家依托社交媒体和平台，与企业、社会组织等合作提供公共服务，扩展了服务渠道、丰富了服务形式，更好地满足了社会公众和企业日益增长的信息和服务需求。《2018 年联合国电子政务调查报告》显示，使用社交媒体发布信息、提供服务的国家从 2016 年的 152 个，增加到了 2018 年的 177 个。美国、欧盟等国家和地区通过与社交媒体或数字支付平台合作，提供生活缴费、信息查询类的公共服务。中国的支付宝、微信等网络平台，整合提供社会保险、交通、医疗、环保等大量政务服务和公共服务事项。截至 2019 年 6 月，仅支付宝就开通了 442 个城市的政府服务。

第5章　世界互联网媒体发展状况

5.1　概述

互联网以其海量信息、高度共享、即时互动、快速传播等特点，日益成为各国人民交流交往的重要渠道，互联网媒体不断创新产品形态、丰富载体平台，在拓展人们交流空间、促进文明交流互鉴方面的功能和作用不断增强。新媒体新技术新应用迭代升级，带来舆论生态、媒体格局、传播方式等发生深刻变革。互联网媒体日益移动化、智能化，已经成为信息传播的主渠道、主平台，并且成为人类优秀文化成果传承传播的重要载体。

2019年，全球互联网媒体产业发展呈现稳中有变态势。世界主要互联网媒体公司集中在美国、中国等国家和地区。全球社交平台用户渗透率参差不齐，东亚、北美、北欧地区用户渗透率远超非洲、中亚等地区。社交媒体成为获取新闻的重要渠道，并出现用户群体年轻化、发布平台多元化、新闻消费私密化等新趋势。

信息技术的发展推动互联网媒体从新闻生产端的素材采编、内容生产、数据分发、辅助决策，到消费端的内容展示、用户体验、传播效果等，都发生一系列深刻变化，5G技术将深度改善用户体验感，云计算将使网络内容生产更加灵活高效便捷，人工智能将深刻影响媒体价值链的各个方面。

社交媒体和即时通信平台网络虚假信息蔓延，恐怖主义和暴力极端主义内容网络传播难以阻断，深度伪造等技术被恶意利用，内容生态治理面临新挑战。大型互联网媒体平台垄断问题日渐凸显，多国政府高度重视，反垄断规则愈加严格。

5.2 互联网媒体全球发展格局

2019 年，全球互联网媒体产业稳步发展，中美两国继续领跑。全球有 12 家市值或估值超过 250 亿美元的互联网公司涉及媒体业务，包括社交媒体、数字媒体内容聚合等产品门类。其中，6 家公司总部都在美国，5 家在中国，1 家在瑞典[1]。全球涉及媒体业务的主要互联网公司名单见表 5-1。

表 5-1 全球涉及媒体业务的主要互联网公司名单

序 号	公司名称	国家（总部）	主要产品/业务门类	市值/估值（单位：10 亿美元）
1	微软（Microsoft）	美国	领英（LinkedIn）、Azure 云等	1 007
2	亚马逊（Amazon）	美国	AWS 云服务等	888

1 综合数据来源: Bond, Internet Trend 2019，2019 年 6 月 11 日，见 https://www.bondcap.com/pdf/Internet_Trends_2019.pdf. Bytedance is China's most successful international internet company, valued at $75 billion, 2019.4.19, https://chinaeconomicreview.com/bytedance-is-chinas-most-successful-international-internet-company-valued-at-75-billion/。

续表

序　号	公司名称	国家（总部）	主要产品/业务门类	市值/估值（单位：10亿美元）
3	Alphabet Inc.	美国	谷歌（Google）、优兔（YouTube）等	741
4	脸书（Facebook）	美国	脸书、照片墙（Instagram）、瓦次艾普（WhatsApp）等	495
5	阿里巴巴	中国	优酷、UC浏览器、阿里影业、钉钉、阿里云、虾米音乐等	402
6	腾讯	中国	QQ、微信、QQ空间、QQ音乐、腾讯视频等	398
7	网飞（Netflix）	美国	互联网视频生态等	158
8	字节跳动	中国	今日头条、抖音、Top Buzz、News Republic、西瓜视频、Buzz Video、火山小视频等	75
9	百度	中国	爱奇艺、百度云盘、百度搜索、百度Feed、百度云等	38
10	网易	中国	网易网、网易新闻、网易云阅读、网易云音乐、网易博客、网易公开课等	33
11	推特（Twitter）	美国	推特	29
12	声田（Spotify）	瑞典	全球最大的音乐串流媒体订阅服务	25

5.2.1 社交平台

目前，全球社交平台呈现用户总量庞大、区域差异明显、用户分布较为集中等特点。2019 年，全球热门社交平台月活跃用户总量达35.34亿，占全球人口总量的46%。其中，通过移动设备接入的用户总量为34.63亿[1]。

[1] 数据基于各国最活跃社交平台的每月活跃用户量。数据来源：Hootsuite，2019年7月28日。

全球社交平台用户数量和渗透率区域差异明显。东亚、南亚、东南亚、南美、北美地区社交平台用户数量庞大，中非、中亚地区用户数量最少。东亚、北美、北欧地区用户渗透率高，均超过区域人口总量的65%以上，非洲和中亚地区均不到20%，成长空间巨大。

2019年1月，以月活跃用户计算，东亚地区的社交平台用户数最多，超过11亿，其次为南亚（4.49亿）、东南亚（4.02亿）、南美（2.85亿）和北美（2.55亿）；最少的地区为中非、中亚，均为1200万，如图5-1所示。

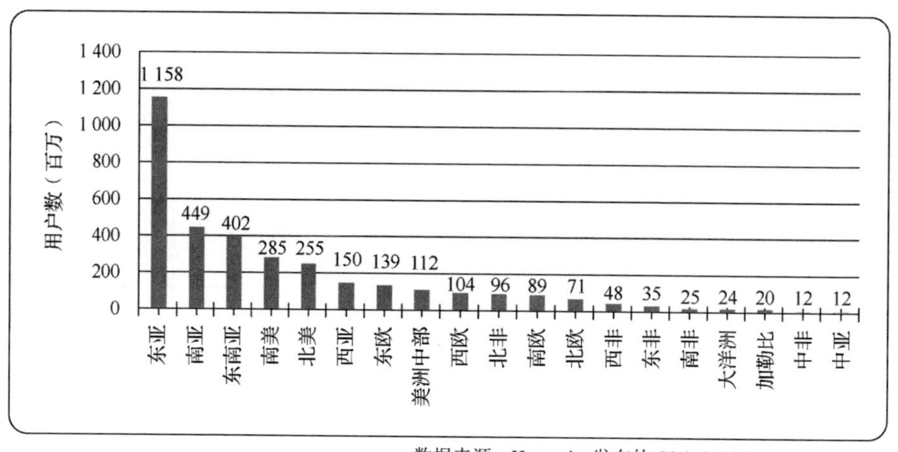

数据来源：Hootsuite 发布的 Global Digital 2019 Reports

注：以每月活跃在社交平台上的用户计算。

图 5-1　2019 年社交平台使用区域总览

以用户渗透率计算，东亚和北美地区最高，为70%，其次为北欧（67%）、南美（66%）、中美（62%）和东南亚（61%），东非、中非的用户渗透率均未超过10%，如图5-2所示。

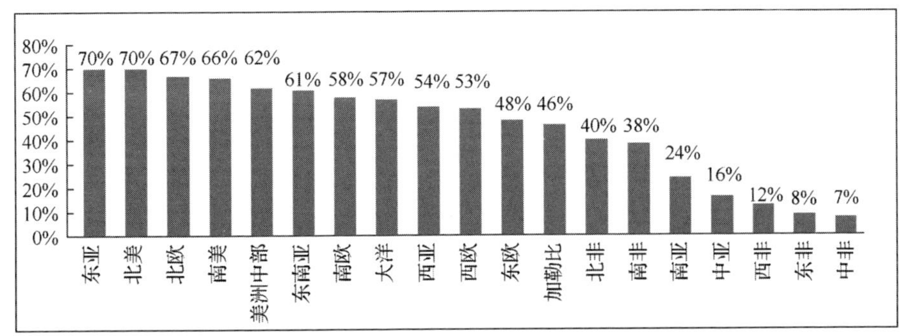

数据来源：Hootsuite 发布的 Digital 2019 Reports

图 5-2　2019 年社交平台在总人口中的渗透率

全球热门社交平台主要分布在美国和中国。统计报告显示，以月活跃用户计算，截至 2019 年 7 月，全球排名前 18 位的热门社交平台中，美国占 11 家，中国 6 家，日本 1 家[1]，见表 5-2。

表 5-2　热门社交平台的月活跃用户

序　　号	平台名	所属公司	用户量/百万人
1	脸书	脸书（美国）	2 375
2	优兔	谷歌（美国）	2 000
3	瓦次艾普	脸书（美国）	1 600
4	脸书即时通	脸书（美国）	1 300
5	微信	腾讯（中国）	1 112
6	照片墙	脸书（美国）	1 000
7	QQ	腾讯（中国）	823
8	QQ 空间	腾讯（中国）	572
9	抖音/Tiktok	字节跳动（中国）	500
10	新浪微博	新浪（中国）	465
11	红迪网（Reddit）	先进出版公司（美国）	330
12	推特	推特（美国）	330
13	豆瓣	北京豆网科技（中国）	320

[1] 数据来源：Hootsuite 发布的 Digital 2019 Repotrs: Q3 Global Digital Statshot. 数据截至 2019 年 7 月 15 日。

续表

序　号	平台名	所属公司	用户量/百万人
14	领英	微软（美国）	310
15	色拉布（Snapchat）	Snap Inc. （美国）	294
16	拼趣（Pinterest）	拼趣公司（美国）	265
17	韦伯（Viber）	乐天公司（日本）	260
18	Discord	Discord Inc.（美国）	250

全球各大热门社交平台的用户来源构成有明显差异。脸书、照片墙、推特等海外市场扩展性较强，用户主要来源国家呈现多元化分布。其中，脸书在印度的用户数量远超美国本土，总体分布以亚洲、美洲为主，非洲和欧洲市场用户数量相对较少[1]，如图 5-3 所示。

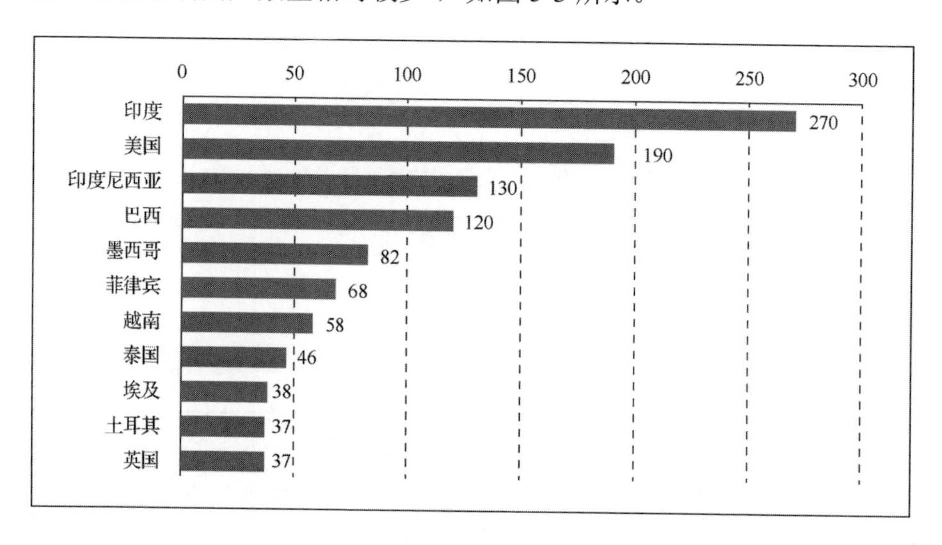

图 5-3　脸书用户的主要来源国家（单位：百万人）

照片墙用户主要分布在美洲、亚洲、欧洲等地区，用户最多的国家依次是美国、巴西、印度和印度尼西亚，如图 5-4 所示。

[1] 用户来源的相关数据摘自：Statista 2019 Social Media Worldwide，数据截至 2019 年 7 月。

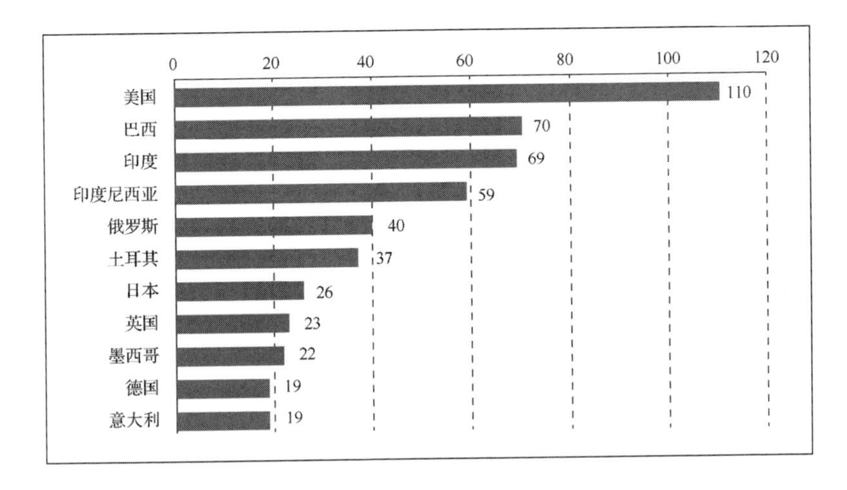

图 5-4　照片墙用户的主要来源国家（单位：百万人）

推特用户主要分布在美洲、亚洲、欧洲等地区，以美国本土市场最多，其次是日本市场，如图 5-5 所示。

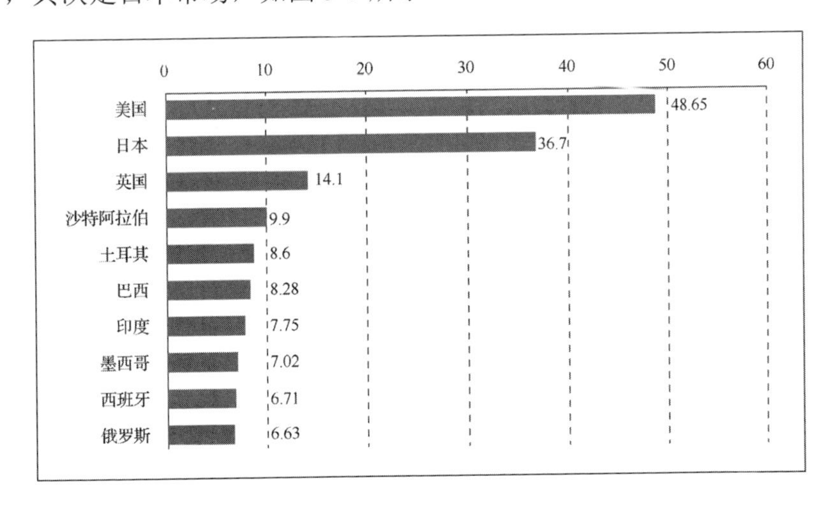

图 5-5　推特用户的主要来源国家（单位：百万人）

色拉布、拼趣、微博、微信、连我、卡考聊天室等平台各自具有区域优势。其中，色拉布在美国本土市场占绝对优势，在法国、英国、巴西等国家的用户数量较为平均，如图 5-6 所示。

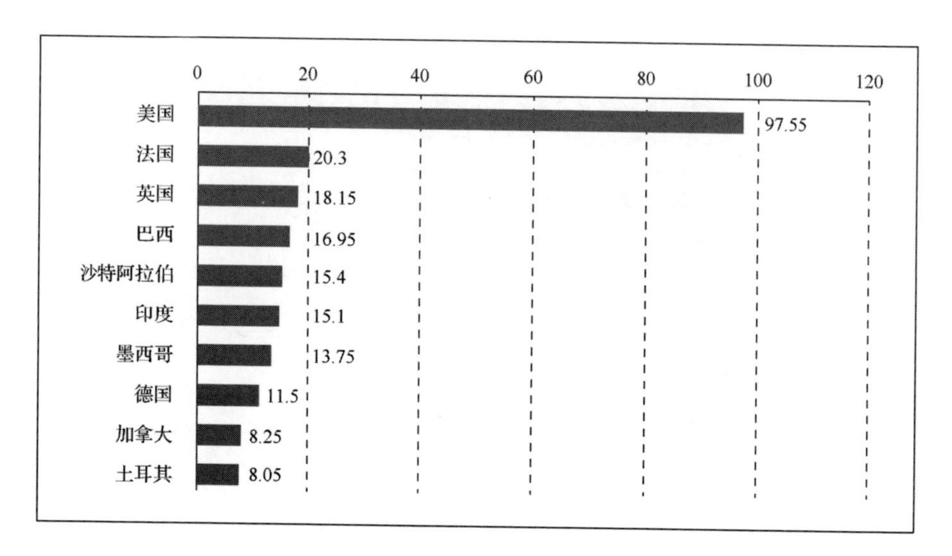

图 5-6　色拉布用户的主要来源国家（单位：百万人）

拼趣用户来源主要为美洲和欧洲，其中，美国最多，如图 5-7 所示。

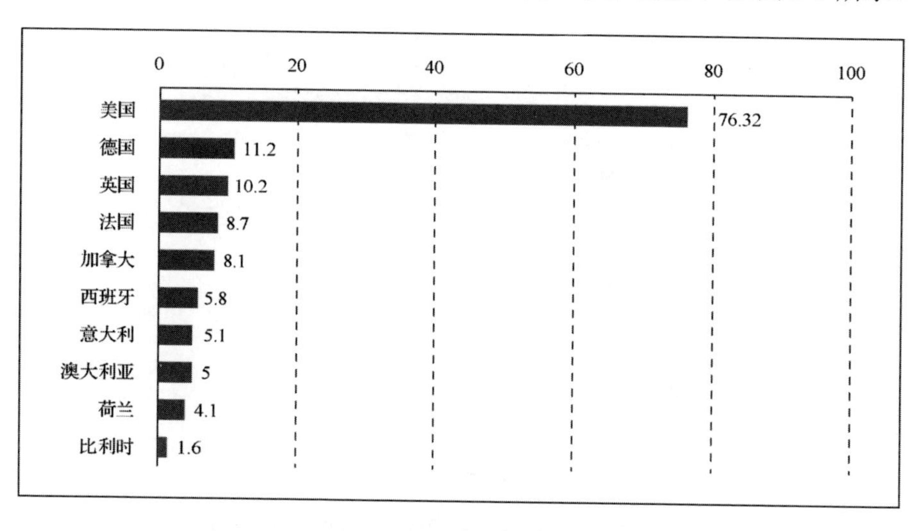

图 5-7　拼趣用户的主要来源国家（单位：百万人）

连我、卡考聊天室、微博和微信的用户集中在亚洲。连我的用户主要来自日本，占 86%，其次为中国台湾地区、泰国、印度尼西亚。卡考聊天室在全球有超过 5 000 万用户，其中，超过 4 400 万用户来自韩国。微博、微信的用户则主要来自中国。

5.2.2　数字新闻

1. 数字新闻订阅

2019 年，全球多家主要新闻机构的数字新闻订阅用户数继续增长。《2019 年新闻、媒体和技术趋势与预测》报告显示，超过一半的新闻机构认为数字订阅是未来的收入重点。

2019 年全球数字订阅用户数量在 10 万及以上的新闻机构有 27 家。从区域分布看，以欧美新闻机构为主，其中，美国有 8 家、欧洲有 15 家、亚洲和南美洲各有 2 家。产生这种格局的原因如下：

（1）欧洲新闻媒体在历史上具有良好声誉和品牌价值。凭借其可靠、优质的新闻内容可以吸引用户订阅，如英国《卫报》、《瑞典晚报》等，这在其他国家很难复制。

（2）新闻媒体环境影响数字新闻订阅意愿。在大多数在线新闻可以免费获取的情况下，数字订阅用户会相对较少，比如在中国这种情况较为明显。

（3）人们为专业领域新闻服务付费的意愿较高。例如，美国《华尔街日报》、英国《金融时报》、中国《财新》等均是专业财经类新闻媒体，数字订阅用户较多。2018 年和 2019 年各大新闻机构数字订阅情况如图 5-8 所示，2019 年全球数字订阅用户超过 10 万人的新闻机构见表 5-3。

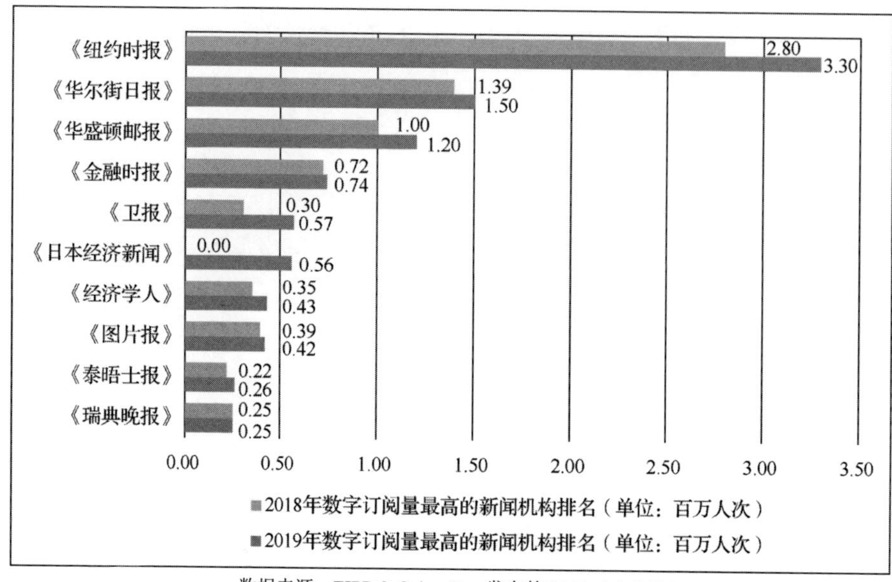

数据来源：FIPP & CeleraOne 发布的 2019 global digital subscription snapshot 和 2018 global digital subscription snapshot.

图 5-8 2018 年和 2019 年各大新闻机构数字订阅情况

表 5-3 2019 年全球数字订阅用户超过 10 万人的新闻机构[1]

排　名	国　家	名　称	数字订阅者总数/人	订阅费用
1	美国	《纽约时报》	3 300 000	2 美元/周
2	美国	《华尔街日报》	1 500 000	19.5 美元/周
3	美国	《华盛顿邮报》	1 200 000	1.25 美元/4 周
4	英国	《金融时报》	740 000	3.99 美元/周
5	英国	《卫报》	570 000	—
6	日本	《日本经济新闻》	559 000	4200 日元/月
7	英国	《经济学人》	430 000	55 英镑/季度
8	德国	《图片报》	423 000	7.99 欧元/月

[1] FIPP & CeleraOne 发布的 2019 global digital subscription snapshot，见 https://d1ri6y1vinkzt0.cloudfront.net/media/documents/2019%20Global%20Digital%20Subscription%20Snapshot_1April.pdf。

续表

排　名	国　家	名　称	数字订阅者总数/人	订阅费用
9	英国	《泰晤士报》	260 000	26 英镑/月
10	瑞典	《晚报》	250 000	69 法郎/月
11	中国	《财新》	200 000	20.99 美元/月
12	巴西	《圣保罗页报》	192 000	19.90 雷亚尔/月
13	法国	《世界报》	180 000	9.99 欧元/月
14	波兰	《选举报》	170 000	19.90 兹罗提/月
15	美国	《纽约客》	167 000	100 美元/年
16	瑞典	《每日新闻报》	150 000	119 法郎/月
17	挪威	《世界之路报》	150 000	189 法郎/季度
18	法国	*Mediapart*	140 000	11 欧元/月
19	意大利	《晚邮报》	133 000	2.50 欧元/月
20	美国	《洛杉矶时报》	133 000	1.99 美元/周
21	美国	《国家地理》	123 000	12 美元/年
22	法国	《费加罗报》	110 000	9.90 欧元/月
23	挪威	《晚邮报》	108 000	249 法郎/月
24	德国	《时代周报》	105 000	—
25	阿根廷	《号角报》	100 000	55 美元/月
26	美国	*The Athletic*	100 000	9.99 美元/月
27	美国	《波士顿环球报》	100 000	27.72 美元/4 周

值得注意的是，由于脸书、谷歌等互联网媒体免费使用传统媒体的新闻内容，使报纸的广告收益流向互联网媒体平台，导致传统新闻业的利润减少。预计未来几年，互联网媒体企业将采取提供资金支持、缴纳授权费用等方式平衡与传统新闻机构之间的关系[1]。据《华尔街日报》报道，脸书向 ABC 新闻、彭博社、道琼斯和《华盛顿邮报》等新闻出版业巨头提议，愿意每年支付 300 万美元授权费用，用于即将推出的脸书新

[1] Digital News Report 2019, Reuters Institute, https://reutersinstitute.politics.ox.ac.uk/sites/default/files/2019-06/DNR_2019_FINAL_0.pdf.

闻栏目中使用传统新闻机构生产的内容。

2. 社交媒体新闻

社交媒体已经成为获取新闻的重要渠道。虽然电视仍然是最常用的新闻获取渠道，但是通过互联网和社交媒体获取新闻的人数在稳定增加。通过不同媒介获取新闻的用户情况见表 5-4。

表 5-4 通过不同媒介获取新闻的用户情况[1]

媒介类型	用户占比	女 性	男 性
在线媒体（含社交媒体）	82%	83%	81%
电视（广播和有线电视）	70%	70%	70%
社交媒体（含即时通信软件）	52%	55%	50%
纸媒	32%	29%	35%
广播电台	32%	29%	35%

注：百分比计算基于互联网用户总数

皮尤研究中心通过持续追踪美国成年人获取新闻渠道的变化发现，2018 年通过社交媒体获取新闻的用户占比首次超越了报纸，分别为 20%和 16%[2]。在英国，电视仍是最常用的获取新闻渠道，其次是互联网、广播、报纸，49%的成年人通过社交媒体获取新闻[3]。

（1）通过社交媒体获取新闻的用户呈现年轻化趋势。牛津路透新闻研究所对 38 个市场的调研结果表明，在 18～24 岁的年轻人中，有 66%

[1] Digital 2019: Q3 Global Digital Statshot, 2019.7.17, https://datareportal.com/reports/digital-2019-q3-global-digital-statshot.

[2] Social media outpaces print newspapers in the U.S. as a news source, 2018.12.10, https://www.pewresearch.org/fact-tank/2018/12/10/social-media-outpaces-print-newspapers-in-the-u-s-as-a-news-source/

[3] News Consumption in the UK: 2019, 2019.7.24, https://www.ofcom.org.uk/__data/assets/pdf_file/0027/157914/uk-news-consumption-2019-report.pdf

通过社交媒体获取新闻，而 55 岁及以上的只占 43%。在美国和英国，社交媒体是年轻人（美国 18～29 岁，英国 16～24 岁）最受欢迎的新闻平台[1]。脸书、优兔、照片墙、瓦次艾普和色拉布是 18～24 岁群体获取新闻的五大平台。

（2）新闻发布或向多元化平台发展。对全球 200 位编辑、首席执行官和数字领导者的调查显示，谷歌是大多数新闻生产机构的优先发布平台，87%的受访者表示谷歌“重要”或“非常重要”，43%的受访者认为脸书“重要”或“非常重要”，苹果新闻和优兔被认为与脸书一样重要。为了吸引新的受众群体，新闻发布机构同时也在关注照片墙和推特等[2]。

（3）越来越多用户倾向于使用即时通信平台获取新闻，新闻消费呈现私密化趋势。与 2018 年同期相比，许多国家的民众在脸书上花费的时间减少，在瓦次艾普和照片墙上花费的时间增多。瓦次艾普已成为巴西、马来西亚、南非等国家讨论和分享新闻的主要渠道。在土耳其和巴西，更多用户选择在公共或私人脸书群组讨论新闻和政治。

5.2.3 在线娱乐

1. 视频点播

视频点播大致包括订阅型视频点播、视频下载和交易型视频点播三

[1] 综合数据来源：英国部分：News Consumption in the UK: 2019, 2019.7.24, https://www.ofcom.org.uk/__data/assets/pdf_file/0027/157914/uk-news-consumption-2019-report.pdf. 美国部分：More people get their news from social media than newspapers, 2018.12.10, https://www.engadget.com/2018/12/10/more-people-get-news-from-social-media-than-newspapers/?guccounter=1。

[2] 2019 年新闻、媒体和技术趋势与预测报告，见 https://reutersinstitute.politics.ox.ac.uk/sites/default/files/2019-01/Newman_Predictions_2019_FINAL_2.pdf。

类。其中，订阅型视频点播指基于订阅的视频点播服务；视频下载指一次性购买并可永久使用的视频内容；交易型视频点播指按次计费点播服务，即对在有限时间访问特定视频内容进行一次性付款，点播视频能够在不同设备间传输。

统计网站 Statista 发布的《数字媒体报道 2019——视频点播》报告显示，2018 年全球视频点播市场规模约为 305 亿美元（以收入计算），占数字媒体市场总额的 21.2%，是继电子游戏之后的第二大市场。美国、欧洲、中国占全球市场的 75.1%，美国以 138 亿美元收入排在第一位，欧洲市场收入为 68 亿美元，中国市场收入为 23 亿美元。三种类型视频点播中，订阅型视频点播表现抢眼，2018 年的收入为 230 亿美元，视频下载和交易型视频点播收入增长则相对缓慢。该机构预测，2018—2023 年，视频点播业务在全球范围内的年平均增长率将达 4.1%。其中，中国年平均增长率超过 4.7%，美国年平均增长率超过 3.6%，欧洲年平均增长率超过 3.4%。

全球视频点播供应商集聚效应明显。Statista 的调查显示，美国排在前五位的视频点播供应商分别是网飞、亚马逊、葫芦网（Hulu）、HBO 电视网（HBO GO）和谷歌 Play；中国排在前五位的供应商分别是爱奇艺、QQ 视频、优酷、芒果 TV 和暴风影音；德国排在前五位的供应商分别是亚马逊、网飞、Sky Go、Maxdome 和谷歌 Play；英国排在前五位的供应商分别是亚马逊、Sky Go、iTunes、谷歌 Play 和 Now TV；法国排在前五位的供应商分别是网飞、亚马逊、Canal 点播、谷歌 Play 和 Orange；西班牙排在前五位的供应商分别是网飞、亚马逊、HBO（西班牙）、Movistar+和谷歌 Play；意大利排在前五位的供应商分别是网飞、亚马逊、谷歌 Play、Infinity 和 CHILI[1]。总体来看，亚马逊在德国和英国占据主导

[1] Digital Media Report 2019 – Video-on-Demand, Statista, 2019 年 6 月。调查通过统计“过去 12 个月内，您作为付费用户使用过哪些在线视频点播提供商？”收集数据。

地位；网飞在美国独树一帜，在西班牙和意大利也拥有很高的用户份额；爱奇艺和 QQ 视频等视频供应商占据了中国市场。七国排名前五的视频点播供应商业务占比见表 5-5。

表 5-5 七国排名前五的视频点播供应商业务占比

美国	中国	德国	英国	法国	西班牙	意大利
网飞 75%	爱奇艺 65%	亚马逊 66%	亚马逊 55%	网飞 51%	网飞 64%	网飞 55%
亚马逊 56%	QQ 视频 51%	网飞 47%	Sky Go 23%	亚马逊 24%	亚马逊 40%	亚马逊 45%
葫芦网 35%	优酷 34%	Sky Go 15%	iTunes 23%	Canal 点播 23%	HBO 电视网 30%	谷歌 Play 22%
HBO 电视网 31%	芒果 TV 22%	Maxdome 12%	谷歌 Play 22%	谷歌 Play 14%	Movistar+ 26%	Infinity 19%
谷歌 Play 30%	暴风影音 16%	谷歌 Play 9%	Now TV 20%	Orange 13%	谷歌 Play 21%	CHILI 14%

2. 数字音乐

2018 年，全球数字音乐市场规模约为 127 亿美元（以收入计算），占数字媒体市场总额的 8.9%[1]。目前，数字音乐主要分为音乐流媒体（在线音乐）和音频下载两大类。音乐流媒体有两种盈利模式，一种是基于订阅的模式（如声田的增值服务和苹果音乐的订阅服务，免广告），另一种是以广告收入为主的模式（如声田的免费服务）。音频下载则是提供付费下载的单曲、专辑或编曲的数字音乐服务类型。国际唱片业协会（IFPI）《全球音乐报告 2019》显示，截至 2018 年年底，全球付费音乐流媒体服务用户数达 2.55 亿，收入同比增长 34.0%，占音乐产业收入的比重增至

[1] 数据来源：Digital Media Report 2019—Digital Music, Statista, Released: June 2019，见 https://www.statista.com/study/39314/ digital-music-2018/

47%；而音频下载收入同比下降 21.2%，占音乐市场的比重持续下降。

根据 Statista 的统计数据，2018 年美国、欧洲、中国的数字音乐市场规模累计为 94 亿美元，占全球数字音乐份额的 73.6%。其中，美国为 52 亿美元，欧洲为 34 亿美元，中国为 8 亿美元。德国数字音乐市场收入为 7.6 亿美元，在欧盟五大市场中最高。

从音乐流媒体公司来看，亚马逊音乐占据了美德英三国市场第一的位置，其后是苹果音乐和声田，在中国最受欢迎的是 QQ 音乐。

七国排名前五位的数字音乐供应商业务占比见表 5-6。

表 5-6　七国排名前五位的数字音乐供应商业务占比[1]

美国	中国	德国	英国	法国	西班牙	意大利
亚马逊 49%	QQ 音乐 47%	亚马逊 53%	亚马逊 40%	Deezer 45%	声田 60%	声田 44%
iTunes 43%	酷狗 43%	声田 34%	声田 38%	声田 29%	亚马逊 34%	亚马逊 30%
声田 41%	网易 35%	iTunes 18%	iTunes 37%	亚马逊 23%	谷歌 Play 27%	iTunes 28%
苹果音乐 36%	百度 33%	苹果音乐 14%	苹果音乐 27%	苹果音乐 23%	iTunes 23%	谷歌 Play 23%
谷歌 Play 29%	酷我 17%	谷歌 Play 9%	谷歌 Play 17%	Napster 8%	苹果音乐 22%	苹果音乐 22%

3. 电子游戏

2018 年全球电子游戏市场规模约为 792 亿美元（以收入计算），占全球数字媒体市场总额的 55.2%。中国、美国和欧洲电子游戏市场总收

[1] 以用户在过去的 12 个月通过供应商在线购买数码音乐的百分比计算。

入 522 亿美元，占全球 67.5%。其中，中国以 221 亿美元收入居第一位，美国 175 亿美元居第二位，欧洲市场总收入 126 亿美元居第三位。在各类游戏产品中，移动游戏（Mobile Games，包括手机和平板电脑）市场收入 511 亿美元，占比最大[1]。

移动游戏领域，以 2019 年第二季度月活跃用户数计算，中国有 4 款游戏排在前 5 名，美国、芬兰各有两款游戏进入前十名。同期，堆栈球、3D 赛跑、自由之火、地铁跑酷和 Color Bump 3D 稳居主要应用市场下载量前五名。2019 年第二季度移动游戏排名见表 5-7。

表 5-7　2019 年第二季度移动游戏排名[2]

排　名	按月活跃用户		按下载量	
	游戏名称	开发商	游戏名称	开发商
1	绝地求生（PUBG Mobile）	腾讯（中国）	堆栈球（Stack Ball）	AZUR 互动游戏公司（俄罗斯）
2	糖果传奇（Candy Crush Saga）	动视公司（美国）	3D 赛跑（Run Race 3D）	Good Job Games 公司（土耳其）
3	王者荣耀（Honour of Kings）	腾讯（中国）	自由之火（Free Fire）	Garena 公司（新加坡）
4	和平精英（Game for Peace）	腾讯（中国）	地铁跑酷（SubwaySurfers）	Kiloo Games 公司（丹麦）
5	开心消消乐（ANIPOP）	乐元素（中国）	Color Bump 3D	Good Job Games 公司（土耳其）
6	精灵宝可梦 Go（Pokémon Go）	Niantic, Inc.（美国）	Tiles Hop: EDM Rush	AMANOTES 公司（越南）
7	部落冲突（Clash of Clans）	超级细胞（芬兰）	清理道路（Clean Road）	SAYGAMES 公司（白俄罗斯）

[1] 数据来源 Digital Media Report 2019—Video Games, Statista, Released: Aug 2019, https://www.statista.com/study/ 39310/video-games-2018/。

[2] 数据来源：Hootsuit Digital 2019，Q2 Global Digital Statshot。

续表

排名	按月活跃用户		按下载量	
	游戏名称	开发商	游戏名称	开发商
8	部落冲突：皇室战争（Clash Royale）	超级细胞（芬兰）	绝地求生（PUBG Mobile）	腾讯（中国）
9	地铁跑酷（Subway Surfers）	Kiloo Games 公司（丹麦）	交通运行（Traffic Run）	芸者东京公司（日本）
10	螺旋跳跃（Helix Jump）	VOODOO 公司（法国）	拥挤城市（Crowd City）	VOODOO 公司（法国）

5.3 互联网媒体技术应用发展情况

技术进步深刻改变着互联网媒体生产方式、传播格局和生态体系。5G、云计算、人工智能等技术在互联网媒体领域的应用提高了信息共享利用率和内容生产效率，提升了传播效果和用户体验，优化了媒体价值链。

5.3.1 5G 改进媒体的生产传播流程

2019 年是 5G 商用元年，预计到 2019 年年底，全球 5G 网络用户将超过 1 000 万户[1]。5G 技术能够有效改进新闻生产传播流程，提升用户新闻体验，进而催生新业态新应用。

（1）在新闻采编环节，5G 技术能够拓展新闻生产的思路与空间。5G 技术具有高速率、高可靠、低时延、大容量等特征，大量信息数据的

[1] Canalys: 1.9 billion 5G smartphones will ship in the next five years, overtaking 4G in 2023, https://canalys.com/newsroom/5G-forecasts-five-year#

即时采集和实时回传速度和质量得到有效提升，有助于提高记者捕捉和制作新闻的能力，将带来新闻生产形式的重大转变。首先，一种新的新闻重写模式（Rewriting）[1]有望出现。记者可以用 5G 高清视频流将各种数据实时传回新闻编辑室，利用大数据库创造出新案例，再通过机器学习、计算机视觉和人工智能等技术将原材料编辑成新闻信息。其次，5G 网络以及人工智能使传感器新闻（Sensor Journalism）更容易实现。传感器新闻是基于传感器进行数据采集、以数据处理技术为支撑的新闻生产模式。在早期实验时，传感器新闻面临大量小设备网络接入成本高昂、原始数据分析工具缺乏等障碍，5G 网络以及人工智能的应用则可以加强数据的传输和分析能力[2]，使得这种新闻生产方式成本更低、速度更快、分析更准。

（2）在新闻分发传播环节，5G 技术可为用户提供更多更好的沉浸式体验。5G 与 AR/VR 技术结合将为观众提供无延时、沉浸式、高清晰的虚拟体验，越来越多地被应用于电视直播中。例如，2019 年的中国中央电视台春节联欢晚会采用了“5G+4K”超高清视频实时回传直播模式，以及“5G+VR”的沉浸式虚拟技术。韩国 SKT 将 5G 应用于棒球体育场场景，并以 VR 的形式进行直播。美国 T-Mobile 开始对 5G 场景下的 AR 远程操作和控制技术进行探索。英国以 VR 直播为切入点推广 5G，向英超联赛等体育赛事的现场观众和在家中观看赛事的固定宽带用户观众提供 VR 纸盒，提供多视角的观看体验[3]。

---

[1] 历史悠久的重写传统指一群记者在编写一篇报道，他们将发现的东西发送给在办公室的人，这个人负责将这些原材料组装成最终连贯的报道。

[2] 数据来源：JOSHUA BENTON (2019) What will journalism do with 5G's speed and capacity? Here are some ideas, from The New York Times and elsewhere, 见 https://www.niemanlab.org/2019/04/what-will-journalism-do-with-5gs-speed-and- capacity-here-are-some-ideas-from-the-new-york-times-and-elsewhere/。

[3] 5G 应用之全球趋势前瞻：应用与流量齐飞，见 http://stock.jrj.com.cn/invest/2019/08/07074527940565.shtml。

5.3.2 云计算改变媒体生产生态

在媒体生产生态系统中，云计算技术的应用主要集中在聚合内容渠道、共享资源和提高效率等方面，有助于实现内容制作虚拟化，具有灵活性和可扩展性强、制作分发更具沉浸感和动态感、随时随地可访问等优点。例如，中国浙江广电集团国际影视中心的“中国蓝云”平台项目采用基于多租户的混合媒体云架构，在媒体生产方面融合了“采、编、发、管、存、用”等服务，形成了高效可靠的媒体生产生态。中国湖北广播电视台长江云平台通过“云稿库”和省级“中央厨房”，整合省、市、县三级媒体终端和产品，构建起“新闻+政务+服务”一体化的区域性生态级融媒体平台。

云计算有助于信息的实时共享和处理，身处现场的新闻团队收集到突发新闻的视频材料时，可通过基于云的内容共享平台立即发回新闻编辑室。例如，美国艾维科技公司（Avid）的新一代媒体工作流程平台“媒体中心”（MediaCentral | Cloud UX），提供全云端或本地/云端混合式存储方案，主要面向电视新闻、体育赛事和后期制作业务，为高度追求新闻时效的记者进行优化设计，使其能高效采编新闻，第一时间在电视和社交平台上发布[1]。

目前，亚马逊、IBM、谷歌、微软等 IT 巨头公司在云计算及其虚拟化功能领域展开激烈竞争，不仅重视发展旗下具备媒体属性的网络应用和平台，还通过与其他公司合作的方式将云计算应用于媒体服务。例如，2019 年微软的 Azure 与罗德和施瓦茨（Rohde&Schwarz）合作推出了带

---

[1] 数据来源：Avid MediaCentral | Cloud UX，见 http://avid.force.com/pkb/articles/en_US/readme/MediaCentral-Cloud-UX-v2019-Documentation。

有 Microsoft Azure 的 Prismon 云，这是一个基于云计算的顶部媒体服务（Over the Top，OTT）监控解决方案，用于对音视频内容进行信号分析、监控和质量控制，以确保用户享受出色的媒体体验[1]。

5.3.3 人工智能优化媒体价值链

人工智能将影响供应、输出、消费等媒体价值链的各个方面，有助于提高内容生产效率，辅助媒体公司决策，提升信息传播效果。

1. 人工智能被用于应对信息过载问题

人工智能能够帮助记者掌握新闻线索、进行新闻核查，节省人力和时间成本。路透社推出自动化报道工具 Lynx Insight 和新闻追踪器 News Tracer，记者可使用这些工具挖掘报道选题、筛选突发新闻线索、剔除不可靠的新闻来源，进而提升新闻生产和报道效率。2018 年 11 月，商业新闻网站 Quartz 推出开源平台 Quartz AI Studio。该平台提供的机器学习工具可以帮助记者分析数据[2]，将记者从海量数据中解放出来，专注于有效新闻的生产。

2. 人工智能创新内容产品形态

除了机器人自动生成稿件，人工智能虚拟主播亦有新进展。2018 年，

[1] 数据来源：R&S®PRISMON Audio/Video Content Monitoring and Multiviewer Solution, https://cdn.rohde-schwarz.com.cn/ pws/dl_downloads/dl_common_library/dl_brochures_and_datasheets/pdf_1/PRISMON_bro_en_5214-8454-12_v1100.pdf。

[2] 数据来源：Quartz AI Studio launches an open-source platform to help journalists use machine learning, https://www.journalism.co.uk/news/quartz-ai-studio-launches-an-open-source-platform-to-help-journalists-use-machine-learning/s2/a732936/?fbclid=IwAR29TwJmT1cGs03v9gXlZpK1u1SLFXVGcuxAHMkY50l9FS3JbLfWB6CVzIk。

中国新华社和搜狗公司联合发布世界上首个应用人工智能拟真技术的"AI 合成主播"。2019 年，澎湃新闻和百度公司将人工智能技术用于开发虚拟主播，制作出第一档真人形象的虚拟主播日播型新闻栏目[1]。日本国家公共广播公司 NHK 创建动漫新闻主播 Yomiko，进行晚间新闻播报。

3. 人工智能辅助互联网平台内容审核

人工智能通过整合深度学习、计算机视觉算法、自然语言处理、语音识别等技术，对互联网平台上的文字、语音、视频等不同类型的信息进行分析，以大量样本训练为基础，识别平台上涉及色情、暴力、恐怖袭击等不良信息，在一定程度上降低内容审核的人力成本。

值得关注的是，人工智能在实现新闻资讯和个性化推荐的同时，对伦理、道德、法律等方面也带来了挑战。目前，关注较多的问题是新闻媒体如何负责任地、透明地使用人工智能技术，避免对读者的认知进行操控。2019 年 4 月，欧盟委员会发布人工智能伦理准则[2]。2019 年 6 月，中国新一代人工智能治理专业委员会发布《新一代人工智能治理原则——发展负责任的人工智能》[3]，提出相关治理原则对人工智能技术进行伦理规制。

5.4 互联网媒体内容生态治理与挑战

新技术新应用在媒体领域的快速发展，给媒体内容注入了新的活力，但也使内容生态更加鱼龙混杂，生态治理难度进一步加大。

[1] 百度大脑与澎湃新闻联合打造的虚拟主播"持证上岗"，http://www.chinanews.com/business/2019/07-22/8903273.shtml。

[2] 欧盟发布人工智能准则，见 http://www.xinhuanet.com//tech/2019-04/15/c_1124365850.htm。

[3] 中国新一代人工智能治理原则发布，见 http://www.xinhuanet.com/tech/2019-06/18/c_1124636003.htm。

5.4.1 网络虚假信息传播出现新变化

网络虚假信息的传播越来越多地借助社交媒体特别是个人即时通信服务。随着网络技术的发展，网络虚假信息的传播方式更加多元，特别是社交媒体时代，网民既是信息接收者，又成为信息传播者，虚假信息借助庞大网民群体进行传播，成本低、速度快、影响大，使得社交媒体成为虚假信息传播的理想“温床”。2019 年 3 月，美国的一项调查显示，近 2/3 的被调查者认为“虚假信息”和“错误信息”的传播是美国面临的主要问题之一，55%的被调查者认为伪造的社交媒体账号是虚假信息的主要传播渠道。其中，认为脸书对虚假信息的传播负有责任的被调查者高达 64%，紧随其后的是认为推特（55%）、优兔（48%）、照片墙（46%）、色拉布（39%）和领英（28%）加剧了虚假信息的传播[1]。

个人即时通信软件以社交功能为依托，发展出日益强大的新闻信息传播功能，也越来越多地被用于虚假信息传播。路透新闻研究所在 2019 年 6 月的一项研究显示，瓦茨艾普正在成为一些国家新闻信息传播的主要工具，例如在巴西，53%的用户将该软件用于获取新闻信息，这一数据在马来西亚为 50%，在南非为 49%。对印度和巴西两个国家的研究发现，瓦茨艾普与错误信息、政治宣传和仇恨言论的快速传播有一定联系。研究人员分析了 2018 年巴西总统选举时 347 个瓦茨艾普群组中传播的 10 万张图像，发现只有 8%的图像是完全真实的[2]。路透新闻研究所一项关

[1] 数据来源：2019 IPR Disinformation in Society Report. the Institute for Public Relation，见 https://instituteforpr.org/ipr- disinformation-study/。

[2] 数据来源：India 发布的 the WhatsApp election. Financial Times，见 https://www.ft.com/content/9fe88fba-6c0d-11e9-a9a5-351eeaef6d84。

于印度如何使用数字新闻的调查显示，57%的受访者质疑在线新闻的真实性，超过一半的受访者表达出对不良信息和虚假新闻的担忧，瓦茨艾普被认为是谣言传播的主要渠道之一。

深度伪造给网络虚假信息治理带来新的挑战。深度伪造技术利用人工智能在深度学习、语言识别、图像识别、大数据处理等方面的功能，伪造人体生理特征并合成虚假音视频文件，仿真度极高，真伪难辨，进一步助长了虚假信息的泛滥。2019 年 1 月，一段虚假视频引发人们对深度伪造技术的关注，视频中美国前总统奥巴马正在发表讲话，但实际是由一名演员模仿奥巴马声音并与图像合成的。深度伪造技术造成的虚假信息，给政治安全、公共安全、国家安全带来严重的潜在威胁，政府和互联网企业都在研究采取措施应对相关挑战。美国国会举行了多场关于深度伪造和网上虚假信息的听证会，两党议员推动提出《2019 年深度伪造报告法案》，要求国土安全部对深度伪造和类似内容发布年度报告[1]，脸书、谷歌和推特等互联网企业也表示正在研究制定专门针对深度伪造技术的应对策略。

准确、权威的信息不及时传播，虚假、歪曲的信息就会搞乱人心。面对网络虚假信息的新变化新特点，多国政府推出应对措施，特别是欧盟委员会于 2018 年 12 月发布“打击虚假信息行动计划”，旨在防止虚假信息影响 2019 年欧洲选举和 2020 年成员国家或地区选举，提升欧盟及其成员国抵御虚假信息的能力，维护欧盟政治稳定和国家安全[2]。

---

[1] 数据来源：H.R.3600 发布的 Deepfakes Report Act of 2019，见 https://www.congress.gov/bill/116th-congress/house-bill/3600/ text?q=%7B%22search%22%3A%5B%22deepfakes%22%5D%7D&r=1&s=1。

[2] 数据来源：European Commission (2019) Action Plan against Disinformation. Brussels, 5.12.2018 JOIN (2018) 36。

5.4.2　恐怖主义和暴力极端主义内容网络传播难以阻断

恐怖主义和暴力极端主义内容管理难度很大，受到技术、法律、舆论等多重限制，脸书指出仇恨言论和合法政治言论很难区分，推特曾删除民族主义者账户，后迫于压力又不得不恢复，优兔则因处理宣传新纳粹集团国家行动的视频不力被指无能。2019 年，多起利用互联网媒体传播网络恐怖主义和暴力极端主义的事件引起全球广泛关注。2019 年 3 月，一名歹徒在脸书对持枪袭击清真寺犯罪过程进行了全程直播，相关视频通过社交媒体以图片（包括动态图片）甚至完整视频等形式进入具有全球影响力的新闻网站头版，并被大量转发传播。尽管后来原始视频被迅速删除，但很快被复制到优兔、推特等其他平台，阻断传播非常困难。该枪杀事件凸显了打击利用互联网传播仇恨和煽动暴力的必要性和迫切性，许多人认为社交媒体公司需要更加认真、更加努力地应对网络恐怖主义和暴力极端主义的威胁[1]。

此次枪杀事件直接促成“基督城行动呼吁”（Christchurch Call to Action）非约束性协议的达成，加拿大、欧盟、新西兰、塞内加尔、印度尼西亚、约旦等国家和地区政府，以及脸书、谷歌和推特等互联网公司承诺采取开发防止上传恐怖主义和暴力极端主义内容的工具、提高内容删除和检测透明度、审查修改社交媒体算法、数据分享、打击暴力极端主义根源等一系列措施，制止在网上出现恐怖主义和暴力极端主义内容，阻止互联网媒体被恐怖分子恶意利用[2]。2019 年 4 月，欧盟通过《关

---

[1] 数据来源：Christchurch shootings: Social media races to stop attack footage, BBC News, 见 https://www.bbc.com/news/ technology-47583393。

[2] 数据来源：A Global Call to End Online Extremism, 见 https://foreignpolicy.com/2019/05/15/a-global-call-to-end-online- extremism-christchurch-jacinda-ardern-macron-violent-extremism-twitter-google-facebook-sri-lanka/。

于解决在线传播恐怖主义内容的规则》，规定托管服务提供商收到成员国主管部门关于删除内容的指令后，应在一小时内将该内容删除或禁止访问。澳大利亚通过《散播邪恶暴力内容法》，对社交媒体实施监管。英国政府出资成立“社交媒体中心”，应对犯罪团伙利用社交媒体宣传帮派文化、煽动暴力。日本加强对网络自杀等有害信息的监管。美国国土安全部与主要社交媒体公司开展合作，鼓励这些公司继续进行自我内容监管[1]。

到目前为止，主要社交媒体公司都加强了针对网络恐怖主义和暴力极端主义内容的管理措施。脸书会关闭违规内容与其他网站的链接，阻止不当内容扩散；优兔注重发挥技术在应对网上暴力极端主义内容中的重要作用，通过对推荐算法进行更改，暴力极端主义内容被推荐的次数减少了 50%[2]。

5.4.3 媒体平台垄断弊端凸显

在互联网经济迅速发展过程中，涌现出一批大型互联网平台，它们拥有庞大的用户市场、广泛的产品业务以及领先的技术和商业模式，影响力巨大，在一些细分领域甚至形成“一家独大”的局面。特别是在互联网媒体行业，谷歌、脸书等公司，利用垄断地位对市场中其他竞争者构筑“准入壁垒”，严重抑制了行业创新，也带来隐私泄露等风险。2019 年，多国监管机构对大型互联网媒体平台开展反垄断调查和处罚，但侧重点各有不同。

---

[1] 2019 年美国国土安全部首席副部长布莱恩墨菲在美国国会指出，“我们确实看到这些努力取得了一些成果，我认为我们还有很长的路要走，我们期待在这种环境中继续与社交媒体公司合作。” Brian Murphy –Principal Deputy Undersecretary, Department of Homeland Security, Testimony to USA Congress, 5/19。

[2] 数据来源：Susan Wojcicki, Interview @ Code Conference, 见 https://www.vox.com/recode/2019/6/11/18660779/youtube-ceo- susan-wojcicki-code-conference-peter-kafka-interview-transcript-maza-crowder-lgbtq。

美国对大型互联网平台持审慎包容的监管态度。联邦贸易委员会（FTC）和司法部都更加强调鼓励平台在产品服务、技术研发、商业模式等方面的创新，拓展了传统以保护消费者和维护市场竞争为主的规制目标，为平台发展提供较大空间[1]。但今年以来，美国对互联网平台的规制措施呈现日益严格的趋势，国会众议院司法委员会反垄断小组就多家大型互联网公司涉嫌垄断问题举行听证会，司法部已启动对谷歌、脸书等美国科技巨头的反垄断调查。然而对于反垄断的具体实施存在不同意见，司法部官员马肯·德尔拉希姆认为，调查企业是否违反反垄断法，重点关注是否存在抬高价格、降低品质、损害隐私、签署旨在伤害竞争对手的独家协议等方面[2]；哥伦比亚大学法律专家蒂姆·吴认为，拆分互联网巨头是打破垄断的途径[3]；众议院反垄断小组主席西西兰则认为，拆分企业是最后一招，立法或监管改革才是关键所在[4]。

欧盟对大型互联网平台的反垄断规制非常严格，注重保护市场其他竞争者和中小企业的利益，罚款、征税是常用手段。2017—2019 年，谷歌连续三年被欧盟处罚，累计罚款金额超过 80 亿欧元，理由均与搜索引擎的主导地位有关。2019 年 4 月，欧洲议会决定，如果脸书、推特等社交网络公司不能在被监管部门要求后迅速移除极端主义内容，可向其征收多达全球营业收入 4%的罚款。2019 年 7 月，德国监管部门认为脸书

---

[1] 熊鸿儒：数字经济时代反垄断规制的主要挑战与国际经验，经济纵横，2019 年 07 期。

[2] 美国反垄断高官：分拆谷歌、Facebook 有史可鉴，新浪科技，见 https://tech.sina.com.cn/i/2019-06-12/doc-ihvhiqay5054037.shtml，2019 年 6 月 12 日。

[3] 数据来源：Tim Wu Explains Why He Thinks Facebook Should Be Broken Up, 见 https://www.wired.com/story/tim-wu- explains-why-facebook-broken-up/。

[4] 美司法部开查互联网企业涉嫌垄断 4 巨头拒绝回应，见 http://www.xinhuanet.com/world/2019-07/25/c_1210212601.htm，2019 年 7 月 25 日。

报告的该平台非法内容量偏低，违反了德国有关互联网透明度的法案，对脸书处以 200 万欧元罚款。2019 年 8 月，欧盟对脸书发布的数字货币“天秤币”项目（Libra）“潜在的反竞争行为”展开调查[1]。

英国针对大型互联网平台是否设置行业竞争壁垒开展专项调查。2019 年 7 月，英国竞争与市场管理局（CMA）表示正在评估在线平台是否存在损害数字广告市场消费者和竞争对手的情形，调查重点集中在消费者是否能够充分掌控个人数据，以及数据在互联网平台上的变现方式。此次调查特别提到谷歌和脸书，称这两家公司占该国数字广告收入的 61%，CMA 将对谷歌和脸书在数字广告中的主导地位是否限制其他提供商的进入和竞争展开调查，结果最迟将于 2020 年 7 月公布。

澳大利亚设立专门机构，负责平台反垄断监管调查。2018 年 12 月，澳大利亚竞争与消费者委员会（ACCC）发布《数字平台初步调查报告》（Digital Platforms Inquiry：Preliminary report）指出，脸书及照片墙占澳大利亚数字展示广告市场收入的46%，每月有1700 万用户登录脸书，1100 万用户使用照片墙。针对平台垄断造成的不正当竞争优势，报告提出 23 条建议，包括明确不公平合同条款，更新完善并购法律和程序，增加消费者对浏览器和搜索引擎的选择，对广告和相关业务、新闻和数字平台进行监管监督，进行媒体监管框架审查等[2]。2019 年 7 月，澳大利亚反垄断监管机构宣布，将在 ACCC 内部设立专门机构，负责监管大型互联网

---

[1] 数据来源：Facebook's Libra Currency Gets European Union Antitrust Scrutiny，见 https://www.bloomberg.com/news/articles/2019-08-20/facebook-s-libra-currency-gets-european-union-antitrust-scrutiny。

[2] 数据来源：Digital Platforms Inquiry：Preliminary report，见 https://www.accc.gov.au/system/files/ACCC%20Digital%20Platforms%20Inquiry%20-%20Preliminary%20Report.pdf。

平台企业，调查其是如何利用平台海量数据资源和算法优势向用户投放广告并获得巨额收益的。

此外，阿根廷、加拿大、巴西、以色列、中国台湾地区、韩国和俄罗斯的反垄断机构也同样针对谷歌提起过反垄断诉讼。大型互联网平台企业以其庞大用户群体及海量数据资源带来的垄断问题，已引起越来越多国家管理部门的重视，可能在全球范围内面临愈发严格的审查。

第 6 章 世界网络安全发展状况

6.1 概述

当今世界正处于大发展大变革大调整时期，不稳定不确定因素日益增加，网络安全作为非传统安全的重要组成部分，越来越成为事关人类共同利益、事关世界和平发展、事关各国国家安全的重大问题。纵观 2019 年全球网络安全形势，传统网络安全威胁与新型网络安全威胁相互交织，国内网络安全与国际网络安全高度关联，网上安全与网下安全密切互动，网络安全威胁和风险日益突出。世界各国对网络安全问题越来越重视，从战略规划、顶层设计、体制机制、技术能力、国际合作等方面入手，不断提升网络安全保障能力和水平。

1. 网络安全威胁呈现高发态势

勒索病毒作为近两年对全球影响最大的网络安全威胁之一，针对多国高价值目标频繁开展攻击。受比特币价格回升影响，挖矿木马成为影响面最广的恶意程序之一。高级持续性威胁（APT）攻击呈高发多发态势，供应链逐步成为攻击的新目标。关键信息基础设施安全保护压力加大，电力、工业互联网等重点行业遭受网络攻击趋势明显。大规模数据安全事件屡见不鲜，网络安全防护意识不强、能力不足、操作不当是诱因之一。人工智能、物联网、区块链等新技术发展使网络安全边界更加宽泛和模糊，潜在风险不容小觑。

2. 网络安全防护能力建设普遍加强

世界各国纷纷制定完善网络安全战略规划和法律法规，健全网络安全工作体制机制，提升关键信息基础设施安全保护水平，加大数据安全和个人信息保护力度，发展网络安全防护新技术，加快网络安全人才培养，深化网络安全国际合作，整体网络安全防护水平进一步提升。

3. 网络安全产业快速发展

世界各国将发展网络安全产业摆在网络安全的突出位置，完善政策措施，加大投资力度，推动网络安全产业加快发展、网络安全企业不断做大，网络安全产业持续保持增长势头。

4. 网络空间军备竞赛日趋激烈

世界各国把网络空间作为国家战略重点和竞争高地，加紧网络安全战略布局，强化网络国防力量建设，提升网络实战能力。个别国家强化网络威慑战略，加剧网络空间军备竞赛，网络战正在从理论假想走向现实威胁，网络空间不确定性和对抗性加剧。面对日趋严峻复杂的国际网络安全形势，迫切需要各国增强战略互信、加强沟通合作，共同维护网络空间和平安全。

6.2　当前全球面临的主要网络安全威胁

全球网络空间面临的安全威胁呈现多层次、多维度、多领域风险交织叠加的趋势。传统网络安全威胁不断演进，数据安全风险日益加剧，关键信息基础设施面临有组织的高强度网络攻击，新的网络安全威胁不断衍生，国家政治、经济、文化、社会、国防安全及公民在网络空间的合法权益面临严峻风险与挑战。

6.2.1 勒索病毒扩散蔓延威胁全球

勒索病毒是近两年对全球影响最大的网络安全威胁之一，2019 年，很多国家都遭到了勒索病毒的攻击。从攻击模式看，病毒攻击呈现从广撒网向针对高价值目标定向化攻击转变的趋势。从攻击特点看，勒索病毒迭代快、变种多、隐匿性高、传播广，追踪和防范难度很大。2018 年最流行的勒索病毒 GandCrab 在一年多时间内至少有 5 个版本的更新，而其要求使用新型加密货币达世币支付赎金，又进一步提高了隐匿性。同时，利用“勒索软件即服务”的模式进行推广，使病毒感染范围不断扩大。2019 年 4 月流行的 Sodinokibi 勒索病毒，通过漏洞分发对托管服务提供商进行攻击，并利用系统漏洞提升 Windows 权限，使用合法的处理器功能来规避安全解决方案，这在以往的勒索病毒中还很少见。从攻击对象看，勒索病毒广泛攻击交通、能源、医疗等重要行业的关键信息基础设施，影响社会正常运行。2019 年 6 月中旬，世界飞机零件供应商 ASCO 遭遇勒索病毒攻击，致使生产系统瘫痪，约 1 000 人被迫进入休假状态。从赎金数额看，勒索病毒赎金额度巨大且不断增长，勒索病毒 GandCrab 的运营团队宣称，仅一年半时间内，其已获利 20 亿美元。

6.2.2 挖矿木马再度活跃威胁广泛

挖矿木马样本的总规模在所有病毒木马种类中占较大比例，是近年来最常见的病毒类型。2019 年，比特币价格飙升，推动整个数字加密货币价格回升，与币市密切相关的挖矿木马开始进入新一轮活跃期，挖矿木马成为影响面最广的恶意程序之一。调查数据显示，挖矿攻击较 2018 年增长超过 4 倍，已覆盖几乎所有平台，在最活跃时期，日均产生挖矿木马样本高达 15 万个[1]。值得注意的是，挖矿木马团伙的产业化运作趋势不断加强。挖矿木马团伙为实现长期运营，不断使功能设计复杂化，通过将挖矿木马与僵尸网络、勒索病毒结合等方式，实现挖矿木马程序的持续、快速更新。此外，挖矿木马跨平台攻击能力实现突破。2019 年 6 月，网络安全公司 ESET 的研究人员发现，新型加密货币恶意挖矿木马 LoudMiner 可以使用虚拟化软件在 macOS 和 Windows 系统跨平台操作，进行持久性挖掘加密货币。未来，随着挖矿木马隐藏手法、攻击手法、对抗能力的不断更新，更具颠覆性的新型挖矿木马可能不断出现。

6.2.3 APT 攻击呈现持续高发态势

近年来，APT 攻击活动活跃，引发广泛关注。

（1）亚洲等地区遭受 APT 攻击十分严重。360 威胁情报中心在 2019 年 1 月发布的《APT 2018 年总结报告》显示，在受 APT 攻击最严重的地区中，韩国、中东地区、巴基斯坦、日本、乌克兰、中国等排名较为靠前[2]。

（2）针对供应链的 APT 攻击成为新动向。对供应链开展攻击在网络攻击中很容易被忽视，但近些年陆续出现针对游戏行业、网络硬盘服务

---

[1] 启明星辰集团、Freebuf 发布的《2018—2019 网络安全态势观察报告》。

[2] 360 公司发布的全球高级持续性威胁（APT）2018 年总结报告，2019 年 1 月。

等的供应链攻击活动[1,2]。APT 组织使用供应链攻击有着特殊的意图，其作为攻击目标人员或组织的一种“曲线攻击”路径，通过对目标相关的供应商或服务商的攻击，进而实现攻击最终目标的目的。

（3）APT 网络武器库的泄露与扩散引发关注。2019 年 3 月，有黑客成员通过 Telegram 渠道披露 APT 34 组织的网络武器和相关信息，后来又有黑客成员通过该渠道披露 MuddyWater 组织相关资料，并进行公开拍卖。网络攻击武器的扩散和滥用，使 APT 组织的攻击能力更为系统化，给网络空间安全发展带来很大隐患。

6.2.4 关键信息基础设施频遭攻击

1. 电网基础设施成为重要攻击目标

随着电力控制系统网络化连接的不断推进，智能设备、传感器等物联网产品激增，大量低安保高风险的基础设施完全暴露在互联网上，增加了遭受网络攻击的风险。2019 年 3 月，委内瑞拉爆发大停电事件，影响范围包括首都加拉加斯及该国 23 个州中的至少 20 个，这是有 2012 年以来委内瑞拉持续时间最长、影响地区最广的停电事件，委政府声称此次大面积停电是国外网络攻击所为。2019 年 7 月，美国纽约市曼哈顿地区大面积停电 4 小时，数万居民、商户和部分交通设施受到影响，美国方面称是他国信息战部队入侵了纽约市 30 多个变电站的控制中心，并破坏了控制中心的信息站。

[1] 数据来源：Marc-Etienne M.Léveillé，Gaming industry still in the scope of attackers in Asia[OL]，2019 -3-11。

[2] 数据来源：Anton Cherepanov, Plead malware distributed via MitM attacks at router level, misusing. ASUSWebStorage[OL], 2019-5-14。

2. 工业互联网安全形势严峻

工业互联网打通了工业系统与互联网，使得国家关键信息基础设施从广度到深度呈现立体网格状拓展，网络安全与工业安全风险相互交织、叠加放大。2018 年 5 月发布的《工业信息安全概论》数据显示，自 2015 年以来，全球每年发生的工业信息安全事件接近 300 起，工业领域已成为网络攻击新兴热点区域。美国安全研究中心 Ponemon Institute 在 2019 年 4 月发布报告称，在其调查的 701 家公用事业、工业制造和运输行业关键基础设施提供商中，约 90%的调查对象曾在过去两年遭到网络攻击，导致数据泄露或设施中断而停机。

6.2.5　数据安全风险加剧引发担忧

大数据、区块链、物联网等技术不断发展，扩宽了数据生命周期的边界范围，衍生了数据处理的新型技术架构和工具，聊天机器人、“刷脸”技术、算法决策等应用也加深了数据的深度融合，数据安全防护面临新挑战。

（1）数据泄露事件频发，涉及数据规模显著增大。达沃斯世界经济论坛 2019 年发布的《全球风险报告》显示，数据泄露以 82%的比例位列 2019 年全球最有可能发生的五大风险之一。据身份盗窃资源中心（ITRC）统计，2018 年已发生多达 1 100 多个数据泄露事件，总计超过 5 600 万个暴露记录。俄罗斯安全公司 InfoWatch 发布的 2019 年第二季度数据泄露报告显示，与 2018 年同期相比，全球企业机密数据泄露量增加了近 28%。2019 年 5 月，美国抵押贷款保险公司 First American 被曝泄露了约 8.85 亿个客户的信息，包括银行账号、社会安全号码、驾驶执照信息、抵押付款和税务记录等大量个人信息。

（2）网络安全防护意识不强、能力不足、操作不当等加剧了数据泄露事件发生。2018 年 6 月发生的美国数据公司 Exactis 数据泄露事件并不是由黑客撞库或其他复杂恶意攻击引起的，而是因为公司服务器没有防火墙加密，直接暴露在公共的数据库查找范围。2019 年 8 月，生物识别安防公司 Suprema Biostar 被曝指纹识别库多达 23GB 数据泄露，安全研究人员发现该数据库缺乏应有的保护，包括管理员账户密码在内的大多数据处于未加密的存储状态。

（3）全球对数据安全担忧不断加剧。美国咨询公司 Unisys 发布的《2019 年 Unisys 安全指数》调查结果显示，2019 年全球居民对数据安全的担忧指数达 175 分，达到近十年来最高值，比 2009 年增长了近 50%。

6.2.6 新技术新应用安全风险涌现

1. 物联网网络安全风险较为突出

物联网网络安全防护仍处于起步阶段，能力和水平较低，物联网系统面临恶意程序、木马病毒和恶意脚本的威胁。

（1）物联网设备漏洞威胁严重。许多物联网设备制造商为控制成本，刻意忽略设备安全因素，未能及时修复已知漏洞，为网络攻击物联网设备提供了便利条件。Fortinet 2018 年第四季度威胁形势报告显示，全球十二大漏洞中有一半是物联网设备漏洞。

（2）物联网与 5G、云计算的融合带来网络安全新问题。5G 构建了万物互联的场景，但也扩大了网络安全的攻击面，让黑客获得了更多的攻击机会[1]。未来联网设备将数以百亿计，每一台设备都可能成为攻击的切入点，防范难度巨大。

（3）物联网安全问题给隐私保护带来严重威胁。根据有关数据，每户家庭每天大约能够生成多达 1.5 万个离散数据点[2]，但接入物联网的智能家居设备一般并不具有防火墙等安全防护功能，黑客可以轻而易举地突破无线路由器等设备，继而操控设备并扩散至其他设备，窃取隐私信息。

2. 人工智能网络安全威胁显现

2019 年，“换脸”“换声”等人工智能应用引发新的网络安全恐慌。2019 年年初，好莱坞女影星斯嘉丽•约翰逊被 DeepFakes 等软件进行深度换脸，该“AI 换脸”事件引发社会对人工智能技术的恐慌和安全质疑，同时也推动了各类 AI 换脸事件的发生。攻击者利用人工智能模拟真实用户人声、影像或行为模式，实施更加精准的自动化鱼叉式网络钓鱼，并利用人工智能恶意软件制造智能化僵尸网络，对关键基础设施实施高性能渗透与攻击等，极大地提高了攻击效果。据福布斯报道，由俄罗斯 Wireless Labs 公司推出的 FaceApp 应用已有超过 1 亿人下载，拥有超过 1.5 亿人的面孔，一旦被用于政治或者网络犯罪等目的，其后果不堪设想。

3. 区块链业务层面网络安全问题严重

区块链分布式账本技术为解决网络环境中的信任问题提供了新方案，但区块链在密码算法安全性、协议安全性、使用安全性、系统安全

[1] 360 公司发布的 5G 网络安全研究报告，2019 年 5 月 6 日。

[2] 物联网当前面临的安全形势和存在的安全风险分析[OL]，2019 年 4 月 28 日。

性等方面尚面临诸多挑战，特别是区块链业务层面安全机制并不十分健全，致使攻击者多选择业务层进行攻击，约 80%的攻击损失都是基于业务层面的攻击所造成的。根据 BCSEC 和 PeckShield 发布的《2018 年区块链安全报告》数据，2018 年，区块链应用因安全事故造成的经济损失高达 22.38 亿美元，较 2017 年大增 253%；2018 年，安全事故数量达到了 138 件，而 2017 年仅为 15 件。频发的安全问题已经影响了行业参与者的信心和体验，相关风险隐患需要引起重视。

6.3 各国积极推进网络安全防护能力建设

2019 年，世界各国持续强化网络安全能力建设，制定完善网络安全战略规划和法律法规，健全网络安全工作体制机制，提升关键信息基础设施安全保护水平，加大数据安全保护力度，开展新技术网络安全防护，加快网络安全人才培养，深化网络安全国际合作，不断提升网络安全保障能力和水平。

6.3.1 网络安全顶层设计更趋完善

世界各国进一步强化国家网络安全战略布局，接连出台网络安全相关战略报告和政策法律。2018 年 9 月，阿联酋发布国家网络安全战略，从建立应对网络安全隐患的综合响应处理体系、培养网络安全人才等 5 个方面确保信息和通信安全。2018 年 11 月，南非议会正式通过《网络犯罪和网络安全法案》，旨在让南非与其他国家的网络法律接轨，以应对不断增长的网络犯罪等网络安全威胁。2018 年 12 月，埃及正式启动了

《国家网络安全战略 2017—2021》，以应对针对 IT 基础设施的入侵和破坏、网络恐怖主义和网络战争等网络威胁。英国为应对脱欧后新的网络安全环境，开始着手构建网络安全战略体系，2018 年 12 月发布了《国家网络安全技能初级战略：提高英国的网络安全能力》，推动提升英国网络安全实力。2019 年 1 月，越南新版《网络安全法》正式实行，该法对国家关键信息基础设施保护、网络安全事件应急处置等作出规定。2019 年 4 月，韩国发布了《国家网络安全战略》指南，提出提高网络攻击应对能力等六大战略课题，决定建立国家级信息共享体系，构筑网络安全防线。2019 年 6 月，欧盟《网络安全法》正式生效，该法对加强网络安全结构、增强对数字技术的掌控、履行网络安全义务等作出法律规制，为后续出台的《电子隐私条例》《电子证据条例》打下基础。

6.3.2　网络安全体制机制逐步健全

1. 建立网络安全相关机构

许多国家建立了高级别网络安全管理专门机构，以加强对网络安全工作的统筹协调和监督管理。2018 年 10 月，印度批准组建国防网络局、国防航天局和特种作战司令部，以应对太空、网络空间和特种作战等“新兴三位一体”的威胁。2019 年 3 月，美国国防部与国土安全部宣布成立“加强网络保护和防御引导小组”，期望借助高层管理的力量提升美国政府应对网络威胁的能力。欧盟《网络安全法》指定欧洲网络与信息安全局（ENISA）为永久性的欧盟网络安全职能机构，以进一步提升欧盟网络安全水平。

2. 推动网络安全监测预警系统共建共享

各国加强网络安全态势感知和威胁监测预警机制建设，为网络空间安全的检测、防护、响应与恢复等提供支撑。澳大利亚倡导政府和企业之间共享威胁数据，2018 年 8 月新设国家网络安全中心，更新 Cyber.gov.au 平台，指导澳民众和企业更好避免网络威胁和侵害。2019 年 1 月，美国发布了《2019 国家情报战略》，提出网络威胁情报、信息共享维护等任务目标，美国国土安全部也相应更新其网络信息共享系统，推动 200 多个企业、组织、政府部门自动共享威胁情报技术。2019 年年初，菲律宾宣布启动建立国家级网络威胁情报共享系统“网络安全管理系统项目”（CMSP），以增强本国监测和响应网络攻击的能力。

6.3.3 关键信息基础设施安全保护加强

各国高度关注关键信息基础设施安全问题，通过提高管理层级、建立相关认证系统、加强攻击信息共享等方式，不断提升关键信息基础设施安全保护水平。2018 年 11 月，美国通过了《2018 年网络安全和基础设施安全局法》，该法决定在美国国土安全部下创建网络安全与基础设施安全局（CISA），将网络安全事务管理提高到了联邦管理层级，这一措施意味着美国政府将关键基础设施安全作为美国国家安全的核心内容在管理体制上予以最终明确。欧盟通过的《网络安全法》提出建立首个欧盟范围的网络安全认证计划，与各成员国就对能源、水电、银行系统等关键基础设施进行认证达成非正式协议。欧盟委员会发布了《5G 网络安全建议书》，要求各成员国对 5G 网络基础设施进行审慎评估，充分考虑技术风险以及与供应商或运营商（包括来自第三国的运营商）行为相关的风险等，确保 5G 网络安全。日本以举办东京奥运会为契机，加强与企业、公民协作力度，各方共享国内外网络攻击信息，以应对针对水电、机场等重要基础设施的网络攻击。此外，南非专门推出《关键基础设施保护法案》，菲律宾制定了《2022年国家网络安全规划》，重点强调保护国家网络和关键基础设施，加拿大也发布了《关键基础设施网络安全指南》。

6.3.4 数据安全和个人信息保护进程加快

欧盟《通用数据保护条例》（GDPR）示范效应明显，各国积极制定完善相关政策和法律，加强数据安全和个人隐私保护成为普遍共识。2018年7月，印度公布首部个人数据保护法——《2018年个人数据保护法案（草案）》，印度央行坚决推行新规，要求消费者的支付数据必须储存在本国境内，以便监测、检查和访问。2019年6月，埃及通过首部数据保护条例。2019年7月，巴西参议院通过提案，将数字平台上的个人数据保护作为公民基本权利纳入宪法。欧盟各国纷纷制定/修订法律法规以便和GDPR接轨。比利时为适应GDPR要求，颁布了《2018年7月30日关于在处理个人数据方面保护自然人的法律》。2019年12月，西班牙通过了2018年12月5日第3/2018号法律——《个人数据保护和数字权利保障组织法》，该法大量援引了GDPR相关规定。2019年1月，芬兰新的《数据保护法》正式生效，将GDPR内容以国内法形式予以明确。

6.3.5 网络安全新兴技术布局加速

1. 世界各国积极推动人工智能安全发展

目前已有大约30个联合国成员国制定了关于人工智能技术发展的

国家战略，强调安全工作理念应贯穿于人工智能的全生命周期，并充分发挥人工智能助力提升网络防御能力的战略价值。2019 年 2 月，美国启动了“美国人工智能计划”，强调人工智能对传统安全领域的重要意义，旨在确保美国在人工智能领域的领导地位。随后美国国防部发布的《2018 年国防部人工智能战略概要》，更是倡导在美国全球国防体系中建立可与盟友和伙伴共同使用、互相操作的人工智能方案。2019 年 4 月，欧盟发布《可信 AI 伦理指南》，提出了未来 AI 系统应该满足稳健性和安全性、隐私和数据管理、透明度等 7 项要求。2019 年 5 月，经济合作与发展组织（OECD）成员国通过了第一套关于人工智能的政府间政策指导方针，确保人工智能的系统设计符合公正、安全、公平和值得信赖的国际标准。

2. 区块链天然网络防御属性促使各国加紧部署

区块链具有去中心化、匿名性、数据不可篡改等特性，能有效提高加密、认证等保护机制的安全性，提升网络安全防护能力。各国政府陆续颁布一系列法律政策和计划，引导和规范区块链行业的发展。2018 年 6 月，俄罗斯国防部研究实验室宣布计划发展区块链记账系统技术，以提升军事网络安全认证能力。2018 年 11 月，美国国防高级研究计划局（DARPA）发布“共识协议的应用与挑战”计划，旨在研究分布式共识协议技术在关键数据存储和计算任务中的安全化应用等问题。此外，美国陆军的空间和地面通信局正在寻求通过区块链来检查通信数据中的漏洞和网络安全问题。2019 年 5 月，新加坡和加拿大均宣布完成数字货币跨境支付测试，以期通过分布式账本技术提高支付交易的安全性和时效性。

3. 量子通信在网络安全领域的优势引起各国关注

相较于传统通信方式，量子通信的安全性更强，可“颠覆”传统的通信和计算方式，为信息安全通信提供坚实保障。欧盟在2018年10月正式启动了为期10年、总投资10亿欧元的“量子技术旗舰计划”，预计在2035年左右形成泛欧量子安全互联网。2018年12月，美国通过了《国家量子计划法》，确立为期10年的国家量子计划，并设立“国家量子协调办公室”“量子信息科学小组委员会”“国家量子计划咨询委员会”3个组织机构，旨在保持美国在量子通信领域的全球领先地位。英国希望在未来10年内建成国家量子通信网络，韩国计划到2020年分3个阶段建设国家量子保密通信测试网络。

6.3.6 网络安全人才培养步伐加快

相比于全球网络安全面临的严峻形势，网络安全人才缺口巨大，供需矛盾突出。美国信息安全认证（ISC）2018年10月发布报告称，全球网络安全人才缺口高达293万，亚太地区占比最高，达到了214万[1]。世界各国高度重视网络安全人才建设，多方施策加强人才培养，提升网络安全从业者水平，为维护网络安全提供人才支撑。

1. 多方拓宽网络安全人才招募渠道

2019年4月，美国中央情报局、国防部等11家联邦机构发起一项“网络安全人才计划”，为大学生申请网络安全实习提供援助。英国政府计划将一类（优秀人才）的签证数量增加一倍，以吸引国外网络安全等

[1] 数据来源：ISC在2018年10月发布的2018年网络安全人力研究报告。

高技能人才。美国 2019 年 5 月通过的《网络安全人才行政令》要求多措并举加强网络人才队伍建设。美国数字服务部门（DDS）表示，美国国防部制定了一个与私营人力资源企业合作招募科技人才的计划，设法吸引传统招聘方式无法覆盖的群体。

2. 重视网络安全知识培训和技能教育

2018 年 9 月，美国国会议员在众议院提出了《网络就绪劳动力法案》，法案提出在劳工部内设立一个拨款补助项目，以支持网络安全培养计划的创建、实施和扩展。11 月，思科与英国警方合作，旨在通过网络安全培训，帮助英国警方掌握网络安全基础知识。新加坡建立武装部队网络防卫学院，为国防部和武装部队的网络安全人员提供培训。

3. 政府与高校协同培养网络安全人才

政府部门纷纷与高校开展合作，应对网络安全技能短缺和人才不足的问题。2019 年 3 月，美国参议院引入《网络安全交流法案》，以促进网络安全人才交流。美国联邦调查局（FBI）与北佐治亚大学建立了合作关系，以便更好地评估网络威胁和预防潜在攻击。北大西洋公约组织（NATO）与加拿大协和大学展开合作，旨在利用其专业技术开展研究项目，完善网络安全措施，打造国际网络安全团队。英国威尔士政府投资约 1 300 万美元建立新的国家数字中心，由南威尔士大学运营，旨在提供网络安全技术培训。

6.3.7 网络空间国际合作不断拓展

1. 国家和地区间网络安全沟通合作加深

2018 年 10 月，乌拉圭和 20 个欧洲委员会成员国签署个人保护公约，强化个人数据国际保护。2018 年 11 月，法国总统马克龙发起《巴黎网络空间信任和安全倡议》，提出了一系列增进网络空间信任、安全和稳定的主张，包括所有欧盟成员国在内的 51 个国家、224 家公司和 92 个非营利性组织签署该协议。2019 年 1 月，欧盟-日本数据交换协议正式生效，协议实现了欧盟和日本之间自由的数据传输，欧盟成员国企业将有权访问 1.27 亿日本消费者的个人数据。

2. 多边多方平台网络安全合作进一步扩展

联合国、二十国集团、上海合作组织、金砖国家、亚洲太平洋经济合作组织等多边框架内网络安全合作积极开展。2018 年 9 月，国际电信联盟、私营部门、学术界和民间社团联合发布了一份国家网络安全战略指南，旨在协助各国制定和实施国家网络安全战略。2018 年 11 月，全球网络空间稳定委员会发布旨在增强全球网络空间安全与稳定的 6 项全球规范。2018 年 12 月，联合国大会通过“从国际安全的角度看信息和电信领域的发展”和“反对将信息和通信技术用于犯罪目的”两项决议，旨在保护所有国家在网络安全领域的权利。

3. 打击网络犯罪领域合作不断扩大

2018 年 9 月，联合国毒品与犯罪办公室（UNDOC）、77 国集团和俄罗斯在联合国维也纳总部共同举办预防和打击网络犯罪非正式会议，围绕打击网络犯罪国际合作、政企协作打击网络犯罪等议题展开了讨论。2019 年 3 月，联合国网络犯罪政府专家组第 5 次会议在维也纳举行，各国重点围绕网络犯罪“执法与调查”和“电子证据与刑事司法”两个议题进行了务实讨论，并提出数十项具体规则建议。2019 年 5 月，美国和欧洲警方在荷兰海牙宣布，由美国、格鲁吉亚、乌克兰、德国、保加利亚和摩尔多瓦执法部门联合行动，破获一个案情复杂的网络诈骗团伙，这一团伙以东欧为基地，以小企业和慈善团体为目标，利用“钓鱼”邮件调取受害人网上银行账户信息，骗取大约 1 亿美元的存款。2019 年 7 月，国际刑警组织与网络安全公司卡巴斯基签署一项新的五年协议，以加强在打击全球网络犯罪方面的合作。

6.4 全球网络安全产业不断发展

世界各国完善政策措施，加大投资力度，推动网络安全产业加快发展、网络安全企业不断做大。

6.4.1 网络安全产业规模持续增长

2018 年全球网络安全产业规模达到 1 120 亿美元，同比增长 11.3%，创下自 2016 年以来的新高，预计 2019 年将增长至 1 217 亿美元[1]。在区域分布方面，北美地区继续占全球网络安全市场的最大份额，其次仍然为西欧和亚太地区。其中，以美国、加拿大为主的北美地区 2018 年网络安全产业规模为 500 亿美元，较 2017 年增长 10%，在全球的占比为 45%。以英国、德国等国为主的西欧地区网络安全产业规模为 294 亿美元，较 2017 年增长 14%，增速全球领先。以中国、日本、澳大利亚为主的亚太地区网络安全产业规模为 246 亿美元，较 2017 年增长 12%。中东、东欧、拉丁美洲等其他地区的网络安全产业规模为 80 亿美元，仅占全球的 7.18%。2018 年全球网络安全产业区域分布和增长如图 6-1 所示。

---

[1] Gartner, Information Security and Risk Management, Worldwide, 2017—2023, 2019 Q 1 Update。

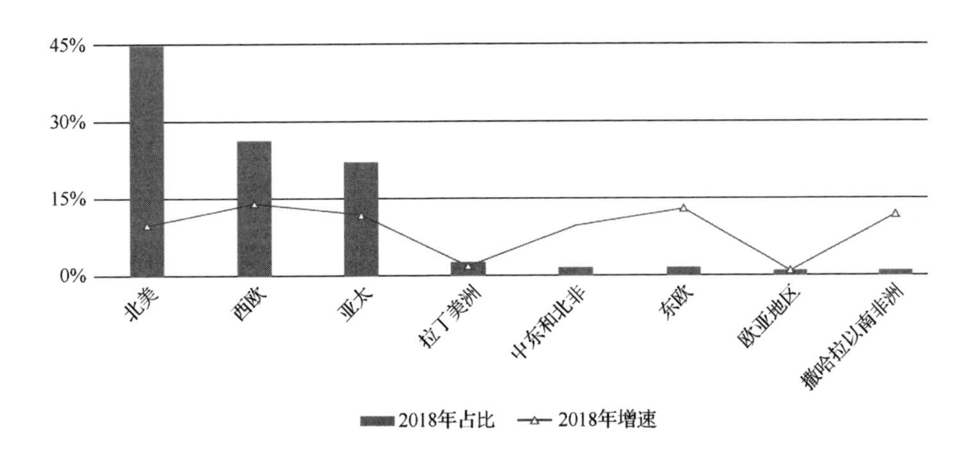

图 6-1　2018 年全球网络安全产业区域分布和增长

6.4.2　新技术新应用赋能产业发展

随着人工智能与大数据等新兴技术加快融合，人工智能新应用不断涌现，人工智能助力网络攻防的新业态逐步进入实质性应用阶段，推动全球网络安全产业快速发展，网络安全逐渐成为人工智能应用最活跃的领域之一。据 CB Insights 统计，国际上已有 80 余家应用人工智能技术的安全公司，其中自动化终端防护厂商 Tanium 和智能预测分析厂商 Cylance 市值超过 10 亿美元。Skycure、Darktrace、Authbase、CyberFog 等一大批创新技术企业积极推动将人工智能技术应用于身份管理、网络欺诈防护、异常行为分析、移动安全、物联网安全等领域。

6.4.3　网络安全上市公司发展平稳

随着网络信息技术革新加快，一方面，传统网络安全防护体系已不再适用，大型网络安全企业受困于既有模式转型较为困难；另一方面，新兴网络安全技术与产品市场驱动力加强，新兴网络安全企业依托技术优势发展势头较好。在研发投入方面，上市网络安全企业研发投入总体保持高速增长态势。2018 年主要上市网络安全企业的平均研发投入为 3.16 亿美元，较 2017 年的 2.85 亿美元增长了 11%；企业平均研发投入增长率 21%，保持高位水平。在营业收入方面，2018 年全球上市网络安全企业营业收入总体保持快速增长态势。根据上市企业财报，包括 CheckPoint、Symantec、Palo Alto Networks、Trend Micro 等在内的 10 家典型网络安全企业平均营业收入为 16.52 亿美元，较 2017 年增长 13%。

6.5 全球网络空间军事化态势愈演愈烈

当前，国际形势发生深刻变化，大国战略博弈背景下的地缘政治因素日益复杂，网络空间国际竞争不断加剧，国际上对制网权的争夺日趋激烈。世界各国把网络空间作为国家战略重点和竞争高地，加紧网络安全战略布局，强化网络国防力量建设。个别国家强化网络威慑战略，不断加强网络战准备和网络部队建设，妄图确保不受任何挑战的绝对安全，加剧了网络空间军备竞赛，致使全球网络空间军事化态势愈演愈烈，世界和平受到新的挑战。

6.5.1 网络空间战略密集出台改变传统战争规则

美国为巩固其在网络空间优势，密集出台《国家网络战略》《国防部网络安全战略》等战略报告和政策法案，将网络空间导向国际竞争的主战场，提出《武装冲突法》等传统战争法则适用于网络空间，不断放宽使用数字武器保护国家的规定，在《2018 国家网络战略》中更是提出“防御前置”理念，为美实行先发制人的网络打击活动提供政策支撑。美国在新版《核态势评估》报告中提到，美国将使用核武器来应对网络袭击等非核武器袭击。此外，有报道称，美国政府进一步放宽了美国实施网络袭击的限制，为美军网络部队能够更频繁地向对手发起网络攻击提供便利。2018 年 12 月，日本政府发布未来 10 年国防建设的纲领性文件新版《防卫计划大纲》，首次提出“跨域防卫”的国防理念，构建太空、网络等领域的多域联合防卫力量，重点强调加强网络作战快速响应能力及反击能力。2019 年 1 月，法国国防部发布进攻型网络作战条令，将传统军事作战与网络作战结合，通过为传统军事行动提供网络作战支持，实现军事行动目的。2019 年 5 月，俄罗斯总统签署了《主权互联网法》，允许俄罗斯创建自主互联网，以确保俄罗斯的互联网在遭遇外部“断网”等冲击时仍能稳定运行。

6.5.2　大规模网络军队建设加剧战争风险

从全球来看，已有 100 多个国家成立了网络战部队，国家间网络战风险加大，对网络空间战略稳定构成较大威胁。美国将网络司令部升格为一级作战司令部，下属的 133 支网络任务部队已具备作战能力，同时海陆空等多兵种也不断加强网络国防力量建设。2019 年 4 月，美国陆军成立集网络攻击、情报和打击等于一体的新多域作战部队。2019 年 1 月，北约成立新的网络指挥部，并计划在 2023 年全面运营，以便全面及时掌握网络空间状况，有效对抗各类网络威胁。日本新版《防卫计划大纲》提出，将扩充网络防卫部队编成，在陆上自卫队陆上总队下新设网络部队。9 月，法国总统签署《2019—2025 年军事规划法案》，该法案规定法国政府到 2025 年将增加上千名网络作战人员，以提高网络作战能力。英国《每日星报》称，英国空军特别部队已成立网络战部队，用以对抗国外的网络战攻击，并辅助战场作战。

6.5.3 网络战成为国家间战略威慑重要手段

2019 年以来，美欧多国密集开展“军刀卫士 19”“网络夺旗 19-1”“网络闪电 2019”“2019 网络 X-Game”“Blue OLEx 2019”“水星训练”“锁盾 2019”等一系列网络实战演习，参与规模不断扩大、演习领域更加广泛、模拟环境更加复杂。美国成立网络信息作战发展中心和网络研究分析实验室，跟进战场变化，对执行任务的网络战士进行快速支援。2018 年 7 月，美国国防部寻求开发先进的网络武器系统——“统一平台”（United Platform），可辅助网络部队获取防御和进攻工具。2018 年 8 月，美国国防高级研究计划局（DARPA）委托网络安全公司 Packet Forensics 开发僵尸网络识别系统，该系统可实现自动定位并识别隐藏的网络僵尸。网络战炮火硝烟渐近。多家美媒报道，美国政府在 2019 年 6 月批准美军网络司令部对伊朗发动报复性网络攻击，目标是伊朗控制火箭和导弹发射的计算机系统。报道称，美方发动的网络攻击使伊朗这一武器系统“瘫痪”，一个对德黑兰来说非常重要的数据库被摧毁了。

当今时代，网络空间的安全与稳定日益成为攸关各国主权、安全和发展利益的全球关切。在网络安全领域，老问题尚未解决，新问题层出不穷，网络空间安全依然具有较大的不确定性和复杂性，特别是网络空间军事化趋势加大，对世界和平安全带来重大挑战。我们要深刻认识到，网络空间互联互通，各国利益深度交融。一个安全稳定繁荣的网络空间，对各国乃至世界都具有重大意义。网络空间不应成为各国角力的战场，更不能成为违法犯罪的温床。面对日趋复杂的网络安全环境，各国应该增强战略互信，加强沟通合作，在充分尊重别国安全的基础上，共同打击网络违法犯罪活动，共同提升全球网络安全防护能力，共同降低网络空间对抗性，共同建立遏制网络战争的国际规则和机制，共同反对网络空间军备竞赛，携手构建更加和平安全稳定的网络空间。

第 7 章 网络空间国际治理状况

7.1 概述

国际互联网迅猛发展，对传统政治、经济和治理结构带来新的问题和挑战。网络空间国际规则体系尚未形成，世界范围内的网络监听、网络攻击、网络恐怖主义活动，侵害隐私、侵犯知识产权等违法犯罪行为成为全球公害，亟须国际社会携手加强合作，完善网络空间国际治理机制，共同维护网络空间和平与安全。

网络空间国际治理正处在多边、多方治理并行阶段。世界各国对网络空间国际治理高度关注，推动形成各方普遍接受的网络空间国际规则，推进全球互联网治理体系变革日益成为国际社会的广泛共识。国家行为体是完善网络空间治理的重要力量，大国关系的走向成为网络空间国际治理的关键。虽然当前网络空间国际治理进程受到国际格局调整和世界秩序变化的影响，但是仍然取得了一定进展。从国家行为体角度看，世界各国进一步丰富完善网络空间治理主张，出台法律法规规范网络空间发展，激发网络空间发展活力，提升网络安全保障能力。美国和俄罗斯推进联合国继续制定各国普遍接受的网络空间行为规范，法国发布《网络空间信任和安全巴黎倡议》，提出网络空间治理新路径，日本推出国际数据跨境流动新框架。从非国家行为体看，以联合国为代表的国际组织大力推动网络空间国际治理，日益重视发挥互联网治理论坛平台作用，重启联合国信息安全政府专家组，新建联合国信息安全开放式工作组，聚焦网络空间国际规则制定。国际电信联盟（ITU）、互联网名称与数字地址分配机构（ICANN）等网络空间国际治理平台发挥自身优势，在制定技术规范、弥补数字鸿沟、研究国际规则等方面持续迈进。二十国集团（G20）、上海合作组织、金砖国家、亚洲太平洋经济合作组织（APEC）、经济合作与发展组织（OECD）等传统国际组织将网络议题作为重点关注内容。例如，上海合作组织成员国在打击网络恐怖主义等方面深化合作；在 G20 峰会上多国就数据跨境流动、人工智能原则等达成共识。

中国国家主席习近平高度重视网络空间国际治理，在多个重要国际场合阐述国际治网理念，特别是提出全球互联网发展治理的“四项原则”“五点主张”“四个共同”，得到国际社会特别是广大发展中国家的广泛认同，网络主权、网络空间命运共同体等重要理念深入人心。中国积极推动网络空间国际治理和交流合作，在数字经济、网络安全等方面积极阐释主张，提出各国应深化务实合作，以共进为动力、以共赢为目标，走出一条互信共治之路，让网络空间命运共同体更具生机活力，推动全球互联网治理体系向着更加公正合理的方向迈进。

7.2　网络空间国际治理进入重要历史转型期

当前，网络空间国际规则的脆弱性和不确定性愈发明显，各行为主体积极推进治理进程，取得了一定进展。与此同时，网络空间国际秩序构建仍面临一系列挑战，网络空间大国竞争日趋激烈，网络空间治理的共识有待进一步深化。

7.2.1 网络空间国际规则的脆弱性与不确定性显现

长期以来，网络空间国际治理进程的推动力主要来自政府、国际组织、技术社群、企业等主体。随着国际格局进入调整变革期，现实空间的大国博弈对抗直接投射至网络空间，一些国家甚至将网络作为打击和遏制他国的重要手段。美国作为传统国际治理大国，开始大规模实行全球战略调整，对网络空间国际治理投入精力减少。新技术新应用的发展，为网络空间博弈增添新要素，“多边主义”和“多利益相关方”治理模式仍在融合中，尚未在网络空间国际治理中形成合力。网络空间国际治理规则在当前国际格局变化和大国博弈背景下不断弱化，甚至面临着难以为继的风险，网络空间国际治理进程面临着极大的不确定性。

7.2.2 各行为体参与网络空间国际治理迫切性提高

国家行为体和非国家行为体对深入参与网络空间国际治理的诉求不断增加。各国从国家战略高度促进人工智能、5G、大数据等新技术新应用发展，关注数据跨境流动和数据安全问题，希望建立符合自身利益和发展的新技术新应用国际规则。大国在网络空间博弈加剧，对企业等非国家行为主体在网络空间的活动带来直接影响，企业可能面临因国家政策调整造成的供应链安全、数据保护、知识产权与市场准入等风险，越来越多的企业参与到网络空间国际规则的制定，如微软提出《数字日内瓦公约》。联合国在 2018 年年底重启信息安全政府专家组，并设立新的开放式工作组，以便成员国更广泛参与到网络空间国际规则制定，强化联合国在网络空间国际治理的地位。此外，二十国集团、上海合作组织、金砖国家、亚洲太平洋经济合作组织等传统国际组织也在数字经济、打击网络犯罪和网络恐怖主义等领域积极建言献策。

7.2.3 网络空间国际规则推进乏力

新技术新应用快速发展，推动产生新的治理议题和机制需求，国际社会正在探索相关领域的治理规则，但整体进度较为缓慢。当前，网络空间安全形势严峻，各国对自身安全的关注多于参与国际规则的制定，大国博弈态势明显加剧，为相关规则制定蒙上阴影。同时，网络空间治理机制中的既得利益者出于最大限度地维护自身利益的需要，做出相应调整与改变的动力不足，而其他愿意推动改变的力量又缺乏议程设置的能力与主导变革的机制，导致网络空间国际规则整体推进乏力。

7.2.4 网络空间国际治理秩序的构建面临重大挑战

现阶段，各国对网络安全的关注重点从共同安全转向自身安全，尤其是美国进行全球战略调整，不愿承担更多的公共产品提供的责任，转向美国优先的立场，导致国际协调机制难以发挥应有作用，阻滞国际合作进程。近年来，美、欧、日互动频繁，通过协调规则立场、建立经济伙伴关系、达成数据协议等各种方式，加强在网络安全与数字经济等领域的合作，推动相关规则体系的建立。中国和俄罗斯等国也依托联合国框架、上海合作组织等机制发挥影响力，这些区域或双边机制对推进网络空间国际治理整体进程是重要渠道和有益补充。但需要注意的是，这些由不同国家主导的治理机制和规则体系存在一定差异甚至冲突，网络空间治理平台、治理方案与治理实践碎片化趋势明显，引发国际社会普遍担忧。

7.3 网络空间国际治理平台工作持续推进

以联合国为代表的国际治理平台持续推进网络空间国际治理进程，在网络空间规则制定、数字经济发展、网络安全保护等领域取得积极进展。

7.3.1 联合国互联网治理论坛

联合国日益重视互联网治理论坛（IGF）平台，推动其在网络空间国际治理领域发挥更大作用，希望将其打造成各利益相关方交流信息、分享与互联网和技术相关政策最佳实践的舞台。各国也更加看重互联网治理论坛，将其作为宣介网络空间国际治理理念的主要平台。2018 年 11 月，第十三届联合国互联网治理论坛年度会议在法国巴黎召开，联合国秘书长安东尼奥·古特雷斯、法国总统埃马纽埃尔·马克龙等亲临会场并发表演讲。古特雷斯在演讲中呼吁各方要将“数字风险”转换为“数字机遇”，重视网络信息安全，加强数字领域合作，减小发展中国家和发达国家在网络发展方面的差距，增加网络信任的创新型解决方案；强调互联网治理不能只停留在讨论的层面，需要制定政策来规范管理，而不是仅由市场力量的“无形之手”来操控。论坛开幕式上，法国总统马克龙发布《网络空间信任和安全巴黎倡议》文件，提出了一系列增进网络空间信任、安全和稳定的主张，希望走出互联网治理的“第三条道路”，在国际社会产生一定影响。

7.3.2 联合国数字合作高级别小组

2018年，联合国成立数字合作高级别小组，在促进数字合作方面取得积极成果。2019年6月，小组向联合国秘书长提交《相互依存的数字时代》报告，主要分为“一个都不落下”“个人、社会和数字技术”“全球数字合作机制”三部分，呼吁建设包容性数字经济和社会，到2030年，确保每个成年人都能获得可负担得起的数字网络以及数字金融和医疗服务，建立广泛的多利益相关方联盟，为实现可持续发展目标，共同分享“数字公共产品”和数据。报告明确提出要建立全球数字合作新机制。该报告被视为引领全球数字经济未来发展的纲领性报告。

7.3.3 联合国信息安全政府专家组与开放式工作组

2004年，联合国大会成立首届联合国信息安全政府专家组（UNGGE），以协商网络空间国际规则。2017年，由美国、俄罗斯和中国等25个国家组成的第五届UNGGE未能就国际法适用于网络空间的有关问题以及负责任国家行为规范具体使用达成共识，没有形成统一文本，一度引发国际社会关于专家组是否会再次重启的疑虑。2018年12月，在美国和俄罗斯倡导下，联合国大会批准成立第六届信息安全政府专家组，并且宣布成立一个新的开放式工作组（OEWG），以深入探讨网络空间负责任的国家行为相关问题。开放式工作组已于2019年6月启动，该工作组允许所有感兴趣的联合国成员国参与，主要任务是进一步讨论网络空间的标准规范、相关责任国的原则和实施方法，研究现有和潜在信息安全威胁、建立信任和能力的措施，并且将会同企业、非政府组织和学术界举行“闭会期间协商会议”，就网络空间规范等问题开展讨论。第六届信息安全政府专家组的期限为三年，将继续之前专家组相关活动，研究可以采取的举措以应对国际信息安全领域的威胁。

7.3.4 信息社会世界峰会

信息社会世界峰会（WSIS）以支持可持续发展目标为重点开展各项工作，峰会是联合国框架下的信息通信技术全球利益相关方的一个重要交流平台，有助于全球信息通信技术利益相关方开展信息交流、推动知识创新、分享实践经验、把握行业趋势和发展伙伴关系。2019 年 4 月，信息社会世界峰会在瑞士日内瓦举行，论坛以“利用信息通信技术、实现可持续发展目标”为主题，旨在推进和落实针对“联合国 2030 年可持续发展议程”制定的信息通信技术解决方案和行动纲要，吸引了来自信息通信技术领域的专家和实施行动者共 3 000 余人参与。其中，部长级圆桌会议强调 WSIS 行动项目的重要性，必须将 WSIS 技术行动项目视作联合国可持续发展目标进程的关键框架。同时，呼吁各方分享稀缺资源、加强务实合作，并建立数字技能和信息通信技术孵化计划，打击网络攻击，使人们可以安全、放心地使用数字技术并从中获益。

7.3.5 国际电信联盟

国际电信联盟（ITU）继续推动技术标准的制定，弥补数字鸿沟，并紧跟 5G 和人工智能等技术发展趋势，研究制定相关标准。2019 年 7 月，国际电信联盟无线通信部门 5D 工作组会议在巴西举行，来自全球的政府主管部门、电信制造及运营企业、研究机构等 180 多名代表参加了本次会议，围绕 5G 技术方案展开探讨，为 2020 年公布 5G 技术方案做准备。2019年8月，国际电联正式发布了一份5G和人工智能国际标准《机器学习应用于未来网络（含 5G）中的架构框架》。该标准为“把机器学习以成本低但收效大的方式集成到5G系统和未来网络中”奠定了基础，提出了满足运营商需求的一组架构要求和特定架构组件，还描述了把这些组件集成到 5G 与未来网络中以及在各种技术特定的底层网络中应用该架构框架的指南。2018年，在迪拜举行的全权代表大会上，国际电信联盟成员国批准了《四年期战略和财务规划》，其中包括将大力推进包容性经济增长、促进创新和弥合数字鸿沟所需的信息通信技术基础设施并开发相关技能。

7.3.6 互联网名称与数字地址分配机构

2019年，互联网名称与数字地址分配机构（ICANN）制定新的五年战略规划，继续推动改革进程，推进重要域名政策和技术规范，积极应对数据保护影响。5月，ICANN董事会接受《2021—2025财年战略规划》草案。《规划》提出ICANN的核心使命是确保互联网唯一标识符系统稳定安全运行，愿景是承担互联网唯一标识符的独立、可信赖的多利益相关方管理者职责，提供一个开放协作环境。ICANN的五大战略目标如下：加强域名系统和域名系统根服务器的安全性，提高ICANN多利益相关方治理模型的有效性，发展唯一标识符系统，解决影响ICANN使命的地缘政治问题，确保长期财务可持续性。ICANN还积极推进符合欧盟《通用数据保护条例》要求的新一代域名查询系统（WHOIS）政策制定工作，形成符合数据保护规定的新WHOIS服务。ICANN与根服务器运行机构社群就改进根服务器系统治理架构和机制取得初步进展，提出了一份概念文件，旨在建立更为透明稳定、可持续发展的根服务器系统治理模式。

加强 ICANN 问责制和透明度改革进程取得有限进展，但深入发展的动力不足，仍在探索中曲折前进，需要全球各方进一步加强协商、促成共识。

7.3.7 国际互联网协会

国际互联网协会（ISOC）积极推动互联网的普及发展，支持推动路由安全、物联网安全、隐私保护等相关进程。2019 年，协会以“联通世界，提升技术安全，构建信任，塑造互联网的未来”为主题开展行动，制定路线图，专注于互联互通，改善互联网技术安全基础，让互联网更好地服务于人类美好生活。协会发布了《2019 年互联网报告——整合互联网经济：整合行为将如何影响互联网的技术革新及使用》，进一步探讨了互联网经济的发展，考察了互联网平台在互联网经济中日益增长的作用，对社会、创新、竞争、经济以及互联网更广泛的架构可能产生的影响。

7.3.8 全球网络空间稳定委员会

全球网络空间稳定委员会（GCSC）自成立以来一直致力于网络空间治理规范研究，网络空间安全规则是 GCSC 讨论的重点。2018 年 11 月，GCSC 发布六项新的全球规范，旨在确保合理利用网络空间，改善网络空间的安全性和稳定性，主要包括以下 6 方面：

（1）避免篡改。

（2）反对将 ICT 设备用于僵尸网络。

（3）各国制定漏洞公平程序。

（4）减少或缓解重大漏洞。

（5）将基础网络保障作为基础防御。

（6）反对非国家行为体运营进攻性网络。

GCSC 通过多种形式向各方宣介其提出的规范，得到了联合国、欧盟等国际组织关注。2019 年 1 月，GCSC 举行公开专题会，重点讨论国际法、人权、互联网治理、发展、可持续发展目标等因素将如何影响网络空间和平与安全，以及关于网络空间未来国际和平与安全框架的建议。

7.3.9　世界互联网大会

世界互联网大会（乌镇峰会）是中国倡导并建立的全球互联网界年度盛会，自 2014 年首届大会举办以来，已在浙江乌镇连续举办六届，是中国搭建的最具代表性的互联网国际治理平台。六年来，世界互联网大会充分发挥在网络空间互联互通、共享共治中的积极作用，搭建高端平台、深化交流合作，共同培育互利共赢的网络市场，世界各国在网络空间的联系更加紧密、交流更加频繁、合作更加深入，推动网络空间发展治理进程朝着公正合理方向加快迈进。2018 年 11 月，第五届世界互联网大会以“创造互信共治的数字世界——携手共建网络空间命运共同体”为主题，来自政府、国际组织、技术社群、企业和民间团体等领域代表围绕网络空间国际治理、数字经济、网络安全、网络技术创新等议题进行充分交流，为网络空间国际治理贡献新智慧和新动力。

7.4 传统国际组织加快参与网络空间国际治理步伐

2019 年，传统国际组织积极应对网络空间国际治理新形势，推动各国加强交流合作，网络空间国际规则制定取得积极进展。

7.4.1 二十国集团

数字经济议题成为二十国集团（G20）峰会关注的重点议题。2019 年 6 月，G20 峰会在日本召开，数据治理、人工智能等话题成为本次会议关注焦点。会上，包括中国、美国、日本、德国在内的 24 个国家和地区领导人共同签署了《数字经济大阪宣言》（以下简称《宣言》），提出数字化改变了经济和社会各方面，数据日益成为经济增长的重要资源，有效利用数据有助于为各国社会谋福祉、做贡献。推动国家和国际政策讨论，对充分发挥数据和数字经济潜力至关重要。各国强调将积极参与国际政策讨论，以充分释放数据和数字经济潜力。同时，《宣言》还宣布正式启动各国讨论数据流通规则的“大阪轨道”。《二十国集团领导人大阪峰会宣言》中指出，要进一步促进数据自由流动，增强消费者和企业信任，并且要在尊重国内和国际法律框架下建立信任和促进数据自由流动，鼓励不同框架之间的互操作性。《宣言》还首次提出要建立“以人为本的人工智能”，提出包容性增长、可持续性发展和福祉、以人为本的价值观和公平、透明度和可解释性、稳健性、安全性和保障性和可问责等原则。此外，G20 大阪峰会还发布了《二十国集团领导人大阪峰会防范网络恐怖主义和暴力极端主义声明》，强调保护公民安全、打击恐怖主义势力是国家政府的重要职责，各国政府有责任加强与网络平台的合作，审核网络内容，防止恐怖主义势力利用网络进行恐怖主义活动。

7.4.2　金砖国家

金砖国家是新兴市场国家和发展中国家为代表的重要多边合作机制，密切关注数字化转型议题，反对网络恐怖主义，在网络空间国际治理领域进行了有益探索。2019 年 6 月，金砖国家领导人在日本大阪举行非正式会晤，发表《金砖国家领导人大阪会晤联合新闻公报》，重申所有国家有责任防止从本国领土为恐怖主义网络及恐怖行为融资，重申打击网络恐怖主义的承诺，呼吁技术企业同政府合作，在遵循有关法律的前提下，清除恐怖分子利用数字平台煽动、招募、推动或实施恐怖行为的能力。2019 年 8 月，第五届金砖国家通信部长会议在巴西召开，围绕各国信息通信领域政策重点、政企合作、加强多边机制下的金砖合作、推动数字化转型等议题进行了深入探讨。会议鼓励多方参与合作，深化设施互联互通、数字技术创新、数字化转型、数字治理等多领域务实合作，并就建立数字金砖任务组等达成共识。

7.4.3　亚洲太平洋经济合作组织

亚洲太平洋经济合作组织（APEC）紧跟时代潮流，努力开拓数字经济发展新领域，挖掘增长新动能。2018 年 11 月，APEC 第二十六次领导人非正式会议在巴布亚新几内亚举行，主题是“把握包容性机遇，拥抱数字化未来”，本次会议第一次将数字经济作为会议讨论主要议题。与会各经济体领导人纷纷予以积极回应，围绕数字经济和数字包容等深入交换看法，回顾合作历程，共商亚太愿景。其中，习近平主席阐释数字经济发展愿景，指出数字经济是亚太乃至全球未来的发展方向，应该牢牢把握创新发展时代潮流，全面平衡落实《互联网和数字经济路线图》，释放数字经济增长潜能。同时，应该加强数字基础设施和能力建设，增强数字经济可及性，消弭数字鸿沟，让处于不同发展阶段的成员共享数字经济发展成果，让亚太地区人民搭上数字经济发展快车。

7.4.4 上海合作组织

上海合作组织鼓励各成员国加强合作，立足本国实际情况，共同推进互联网治理，制定各方普遍接受的信息空间负责任国家行为规则、原则和规范，并积极开展合作保障地区信息安全。2019 年 5 月，上海合作组织成员国外长理事会例行会议上，成员国外长呼吁所有联合国会员国进一步推动制定信息空间负责任的国家行为准则，在联合国领导下制定打击以犯罪为目的使用信息和通信技术的国际法律文件。2019 年 6 月，上海合作组织成员国领导人举行元首理事会，通过《上海合作组织成员国元首理事会比什凯克宣言》，指出成员国将打击利用信息和通信技术破坏上海合作组织国家政治、经济、社会安全，以及通过互联网传播恐怖主义、分裂主义和极端主义思想，反对以任何借口采取歧视性做法，阻碍数字经济和通信技术发展。

7.4.5 经济合作与发展组织

经济合作与发展组织（OECD）大力推进数字经济规则制定，就数字经济发展、人工智能治理、数字税收等方面向其成员国提出建议，成为成员国政策和行动的参考依据，并日益被其他国际组织所吸纳。2019

年 5 月，OECD 正式通过了首部关于人工智能的政府间政策指导方针，以确保人工智能的系统设计符合公正、安全、公平和值得信赖的国际标准，OECD 的 36 个成员国以及阿根廷、巴西、哥伦比亚、哥斯达黎加、秘鲁和罗马尼亚等国在部长理事会会议上联合签署了经合组织人工智能原则，该原则被 G20 大阪峰会吸纳成为《G20 人工智能原则》的主要内容。OECD 积极推进数字税收进程，于 2019 年 3 月在巴黎召开公开咨询会议，就数字经济税收规则设计和征税技术挑战等问题向社会公众征求意见，努力推动在 2020 年之前形成统一的数字经济税收规则，将可能会引起国际税收规则的重大变化。

7.5 部分代表性国家和地区的网络空间治理情况

过去一年，一些国家和地区结合自身国情和治理需求，采取多种方法和措施，在网络空间国际治理领域开展了新的探索，不断积累网络空间治理经验。

7.5.1 美国

美国特朗普上任以来，特别注重维护网络安全，在 5G、人工智能、物联网、数据治理等方面不断加大投入，确保在网络空间上的优势。2019 年，美国以全方位打击竞争对手、强化网络安全、维持前沿技术领先地位为目标，开展网络空间治理。2019 年 5 月，特朗普签署《确保信息通信技术与服务供应链安全》行政令，禁止交易、使用美国认为可能对美国国家安全、外交政策和经济构成特殊威胁的外国信息技术和服务，对中国企业进行公开打压。拉拢欧盟、日本、澳大利亚等盟友推出“布拉格提案”，意图将中国排挤在 5G 规则制定之外。发布《5G 加速发展计划》《国家人工智能研发战略计划》，确保美国在 5G、人工智能等领域全球领先地位。与此同时，美国持续加强网络安全能力建设，加大网络安全预算投入，相继出台了《保障能源基础设施法案》《国防部云战略》《国家应急通信计划》《企业移动安全指南》《物联网网络安全改进法案》等，不断提升美国在网络空间各个领域应对安全风险能力。

7.5.2 中国

中国积极搭建互联网治理平台，开展网络空间多层次多领域的国际合作。2018 年 11 月，第五届世界互联网大会在浙江乌镇召开，大会在思想交流、理论创新、技术展示、经贸合作、凝聚共识等方面取得了一系列丰硕成果。2019 年，中国与欧盟、意大利、法国、英国、德国、俄罗斯、印度等国家和地区进一步深化互联网领域合作，就网络安全、数字经济、网络犯罪、网信前沿技术发展等话题进行对话交流，达成广泛共识。中国积极推动亚太数字经济包容发展，落实“一带一路”倡议，推动中国-东盟信息港、数字丝绸之路和南向通道建设展开高端对话，鼓励智库、企业等民间合作，就网络空间议题进行交流对话。

中国深度参与联合国、二十国集团、上海合作组织、ICANN 等网络空间国际治理重要平台活动，宣介中国全球互联网发展治理的理念，为全球数字经济与互联网发展传递中国主张。在 G20 大阪峰会上，习近平主席深刻阐释中国在数字经济发展与数据治理方面的主张，提出要营造公平、公正、非歧视的市场环境，不能关起门来搞发展，更不能人为干扰市场。习近平主席指出，要共同完善数据治理规则，确保数据的安全有序利用；要促进数字经济和实体经济融合发展，加强数字基础设施建设，促进互联互通；要提升数字经济包容性，弥合数字鸿沟。习近平主席强调，中国作为数字经济大国，愿积极参与国际合作，保持市场开放，实现互利共赢。

7.5.3 日本

日本进一步完善国内数据立法，提出“基于信任的数据自由流动体系”（Data Free Flow with Trust），希望以此设立国际数据流动框架。日本国内已经开始启动《个人信息保护法》修订进程，力图在完善个人信息保护和促进数据使用方面找到平衡。2019 年 6 月，在日本大阪召开的 G20 峰会上，日本将数据治理放在重要位置，大力推动建立一个新的国际数据流动体系。面对日益复杂的网络安全形势，日本与美国加强网络安全合作。2019 年 1 月，日本将网络空间等六大领域作为日本和美国“共同作战计划”的主要内容，强化自卫队和驻日美军的战略协调和战术联动。2019 年 4 月，美国和日本确认首次将网络安全纳入《美日安保条约》第 5 条的适用范围，美国将为日本提供网络安全保护。此外，日本政府追随美国出台新规，以维护网络空间安全为由限制信息通信企业的外资持股份额。

7.5.4 欧盟

欧盟持续推进数据保护，不断更新相关政策和法律，在数据版权、网络安全以及打击虚假信息等问题治理上取得积极进展。2019 年 5 月，欧盟正式实施《非个人数据自由流动框架条例》，允许数据在欧盟各地存储和处理而不受非公平限制影响，为数据在欧盟全境内存储和处理设立了框架。《非个人数据自由流动框架条例》和《通用数据保护条例》将确保个人数据和非个人数据自由流动，推动欧盟单一数字市场建设，打造富有竞争力的数字经济。2019 年 3 月，欧盟通过《数字单一市场版权指令》，应对数字技术发展所带来的挑战，强化网络版权监管，从而促进数字环境下对作品的创造、传播和利用。2019 年 6 月，欧盟正式实施《欧盟网络安全法》，将欧洲网络与信息安全局（ENISA）定位成欧盟永久性机构，以更好地支持成员国应对网络安全威胁和攻击，并建立首个欧盟范围的网络安全认证计划，确保在欧盟国家销售的产品、流程和服务符合网络安全标准，该法是欧盟网络安全的基石。与此同时，欧盟还加强 5G 安全治理，发布 5G 网络安全风险评估报告，保证欧盟范围内 5G 网络的高度安全性。

7.5.5 英国

英国政府在原有法律的基础上，进一步完善网络空间治理体系，细化管理规定，深化与行业的合作，加大对人工智能、区块链等新技术的研究和管理力度。具体措施如下：

（1）批准《反恐和边境安全法案》，加大对恐怖主义犯罪行为的处罚力度，将在线浏览恐怖主义内容列为违法犯罪行为，违反者最高可被判处 15 年监禁。

（2）发布《网络企业改善儿童网络安全实践守则》，限制社交媒体公司收集、共享和使用儿童的个人数据，为儿童提供默认的“高度隐私保护”等措施。推出《年龄验证法》，规定色情网站应加载年龄验证技术，否则会面临制裁。

（3）发布《网络危害白皮书》，指出英国将由其独立监管机构对社交媒体、搜索引擎、通信程序，甚至文件共享平台等进行监管，并量化惩罚措施。

（4）加快培养网络安全人才，建设网络安全中心。设立国家网络安全委员会，投资 250 万英镑的资金，培养相关专业人才，加强本国网络安全能力；计划建设网络安全中心，为英国军队提供相关信息和情报分析。

（5）加大新技术的探索力度。成立全球首个数据伦理与创新中心（CDEI），研究支持决策系统中的内在算法偏见，资助一批专注于研究人工智能和暗网的企业。

7.5.6 法国

法国加快参与网络空间国际治理的步伐，通过数字税、社交媒体监管和《网络空间信任与安全巴黎倡议》等方式宣示其网络空间治理主张，试图建立其在欧盟互联网治理领先地位。法国总统马克龙在 2018 年 11 月召开的第十三届联合国互联网治理论坛（IGF）上，发布了《网络空间信任与安全巴黎倡议》，提出加强对恶意网络活动的防范和应对能力、共同打击通过互联网侵犯知识产权的行为、防止恶意网络程序和技术的扩散、取缔网上雇佣军活动和非国家行动者的攻击行动、加强网络空间安全相关国际标准制定等内容。法国还进一步加强了对本国网络空间治理，具体包括以下 3 方面。

（1）加强社交媒体监管。2019 年 1 月，法国政府要求社交媒体公司履行“审慎责任”，肩负起审核平台内容的责任，加强平台内容的审核，共同治理该平台上的色情、恐怖主义以及仇恨言论等内容。

（2）治理虚假新闻。法国议会通过《虚假新闻法》，授予法院在竞选期间要求媒体删除虚假新闻的权力，以确保国家选举免受虚假信息的影响，违法的人将面临一年的监禁和 75 000 欧元的罚款。

（3）征收数字税。2019 年 7 月，法国总统签署《数字税法案》，对全球年收入超过 7.5 亿欧元且来源于法国境内收入超过 2 500 万欧元的互联网企业征收数字税，其税率为法国市场收入的 3%。

7.5.7 德国

德国加大互联网监管治理力度，对社交平台、网络运营商等提出更严格的监管要求，加大力度打击网络犯罪，加强青少年网络保护。具体措施如下：

（1）强化社交平台和网络运营商的管理责任。2019 年 2 月，德国宣布限制美国社交媒体脸书从第三方服务收集用户数据，用户只有在允许脸书连接并导入第三方网站或手机应用等数据的前提下，才获准使用脸书服务。

（2）加强对互联网企业税收管理。2019 年 2 月，德国联邦财政部提议对国外网络平台在线广告征收 15%的预扣税。此举将赋予德国政府对跨国互联网企业征税的权力。

（3）加强对暗网市场的打击。2019 年 3 月，德国联邦参议院投票决定，将为暗网平台提供技术支持等行为定性为刑事犯罪，平台技术供应商应监管平台包括交易毒品、爆炸物、传播儿童性虐待资料等不法行为，违反者将面临最高三年监禁的刑事处罚。

（4）完善青少年网络保护法律法规。2019 年 6 月，德国通过一项刑法修正案提案，旨在保护青少年儿童免受网络性诱拐的侵害，违反规定将构成犯罪并被处以3月～5年的监禁。

7.5.8 俄罗斯

面对严峻的国际形势和外部环境，俄罗斯高度重视保障网络安全和网络主权，并取得实质性进展。2019年3月，俄罗斯总统普京签署了《假新闻法》和《侮辱国家法》，加大对传播虚假信息、侮辱国家的言语和行为的打击力度。《假新闻法》禁止个人、法人在互联网上发布和传播可能造成严重后果的虚假信息，规定反复传播“假新闻”导致扰乱公共秩序和安全的单位或个人将面临高达150万卢布的罚款。《侮辱国家法》规定，任何在线公开发布“不尊重俄罗斯联邦官方的国家标志、俄罗斯联邦宪法以及国家权力机构”言论的个人，将被处以罚款或最高15天监禁。2019年4月，俄罗斯国家杜马批准了《〈俄罗斯联邦通信法〉及〈俄罗斯联邦关于信息、信息技术和信息保护法〉修正案》，提出自主创建俄罗斯互联网、自主根服务器、自主域名解析系统、自主路由节点，自主统筹管理机构、有权主动断网等，该修正案被称为《主权互联网法》。该法案出台意味着俄罗斯通过立法手段提升网络关键基础设施的自主可控水平，可能会对目前以美国为主导的互联网基础资源分配格局产生重大影响。

7.5.9 印度

印度加快推进数字化进程，一方面修订完善原有法律法规以适应当前网络空间发展需要，另一方面起草制定新的法律规定规范网络空间行为，提升网络安全防御能力。2019 年 6 月，印度联邦内阁批准《2019 年数字身份证修正案》，印度身份识别机构将向公民发放 12 位随机数字，与公民的基本人口统计和生物识别信息相关联，建立目前世界上最大的生物识别身份系统。此外，印度启动修订《信息技术法》，审查社交平台上政府认为不合适的内容，加重对线上虚假新闻和儿童色情内容的处罚力度。印度政府部门还就《禁止加密货币和官方监管数字货币 2019 年法案》开展讨论，该法案一旦获得通过，持有、购买、出售比特币等数字货币都将被列为犯罪行为。

7.5.10 巴西

巴西互联网发展迅速，在物联网、人工智能等新兴科技领域的研发创新投入不断加大，互联网商业应用逐步普及。同时，巴西越来越重视互联网治理和个人信息保护。2018 年出台《通用数据保护法》将于 2020 年 2 月 15 日正式生效。该法首次整合了散落在联邦层面上的 40 多个相关法规，为个人数据的使用创建了新的法律框架，不仅保障了个人权利，还通过制定清晰、透明、全面的个人数据使用规则，促进经济、科技和创新发展。2018 年 7 月，巴西成立数字治理和信息安全委员会，负责数据处理核查、监察执行信息和通信技术战略计划。委员会规划了国家信息通信技术发展战略，包括增加在公共行政中信息技术的使用，鼓励公众参与决策和增加获得公共信息的机会。巴西拟设立国家数据保护局，并将数据保护纳入宪法规定的公民基本权利。

世界互联网发展 50 年，推动人类社会从工业文明走向信息文明。面对当前国际秩序的深刻调整和变革，国际社会应在网络空间国际治理层面增强互信、开放合作、携手努力，健全完善治理规则，建立有效合作机制，维护网络空间国际秩序，共同推动互联网为人类社会的文明进步和发展贡献下一个 50 年，共同构建网络空间命运共同体，让互联网发展继续造福人类。

后　记

世界互联网发展走过了50年波澜壮阔的发展历程，深刻改变了人类的生产、生活方式，引领和开启了人类历史的新纪元。当今世界越来越成为“你中有我、我中有你”的命运共同体。互联网全球共享共治，是历史之机遇，更是时代之使命。我们希望通过《世界互联网发展报告2019》（以下简称《报告》），全面展现过去一年来全球互联网发展现状，用中国视角解读互联网发展的全球态势，用中国方案作答互联网发展的世界之问，更好地实现网络空间发展共同推进、安全共同维护、治理共同参与、成果共同分享。

《报告》的编撰得到了中央网信办的指导和支持。中央网信办领导对报告给予了具体指导，网信办各局各单位对《报告》编写工作特别是相关数据和素材内容的提供给予了大力支持。《报告》由中国网络空间研究院牵头，组织国家计算机网络与信息安全管理中心、中国信息通信研究院、国家工业信息安全发展研究中心、清华大学、北京大学、北京邮电大学、西交利物浦大学等机构共同编撰。参与人员主要包括杨树桢、方欣欣、侯云灏、李欲晓、李长喜、刘少文、冯明亮、晁宝栋、李志高、田友贵、龙宁丽、唐磊、李民、刘岩、姜伟、南婷、赵彦伟、韩云杰、董中博、王海龙、李博文、沈瑜、李晓娇、王猛、王晓帅、马腾、赵高华、谢祎、李玮、许修安、何波、贾朔维、杨笑寒、孙路漫、田原、杨舒航、肖铮、宋首友、吴巍、张琪苑、高珂、陈静、袁新、徐艳飞、徐雨、李阳春、邓珏霜、蔡杨、王忠儒、王花蕾、王丽颖、钱忆亲、丁丽、徐原、王小群、王适文、周彧、楼书逸、孟楠、周杨、陈恺、牟春波、赵丽、金钟、武延军、种丹丹、刘绍华、李帅、辛勇飞、何伟、孙克、郑安琪、汪明珠、孟庆国、续继、胡时阳、李艳、谢永江、刘越、戴丽娜、方禹等。

《报告》的顺利出版也离不开社会各界的大力支持和帮助，但鉴于研究水平、工作经验和编写时间有限，《报告》难免存在疏漏和不足之处。为此，我们殷切地希望国内外政府部门、国际组织、科研院所、互联网企业、社会团体等各界人士对《报告》提出宝贵的意见和建议，以便今后把《报告》编撰得更好，为全球互联网发展贡献智慧和力量。

中国网络空间研究院

2019 年 9 月